图解阳台与小庭院
绿化景观设计

歇　静　编著

机械工业出版社
CHINA MACHINE PRESS

本书通过图文解说的形式，对阳台、露台、小庭院设计中的重要知识点进行深入解析，观点表达具体，文字通俗易懂。以图文结合的编写形式，能够在较大程度上让读者理解要点。书中配有大量精美的案例图片，十分具有代表性，细致到地面材质、绿植种类等。从阳台到露台，再到庭院，手把手教读者打造梦想中的都市花园，满足人们对生活环境的绿化需求。本书使用范围广泛，不仅可以作为普通业主的装修参考书，以及施工管理人员的学习用书，还可以作为庭院设计、景观设计等相关行业从业人员的指导用书。

图书在版编目（CIP）数据

图解阳台与小庭院绿化景观设计 /歆静编著. —北京：机械工业出版社，2021.8
ISBN 978-7-111-68863-1

Ⅰ.①图… Ⅱ.①歆… Ⅲ.①庭院—绿化—景观设计②阳台—绿化—景观设计 Ⅳ.①TU986.4

中国版本图书馆CIP数据核字（2021）第156327号

机械工业出版社（北京市百万庄大街22号　邮政编码100037）
策划编辑：宋晓磊　　责任编辑：宋晓磊
责任校对：张　力　　封面设计：鞠　杨
责任印制：常天培
北京宝隆世纪印刷有限公司印刷
2021年9月第1版第1次印刷
169mm×239mm·12印张·248千字
标准书号：ISBN 978-7-111-68863-1
定价：69.00元

电话服务　　　　　　　　　网络服务
客服电话：010-88361066　　机 工 官 网：www.cmpbook.com
　　　　　010-88379833　　机 工 官 博：weibo.com/cmp1952
　　　　　010-68326294　　金 书 网：www.golden-book.com
封底无防伪标均为盗版　　机工教育服务网：www.cmpedu.com

前　言

随着生活水平的提升，人们对住宅的要求不再局限于遮风避雨，而是追求高品质的居家生活气息，以及诗情画意的生活氛围。回到家中能够将一天中的疲惫抛之脑后，舒缓工作中的压力。越来越多的人期望可以在喧嚣的城市中开辟出一片自然宁静的天地。

从我国目前的商品房构造来看，在高层住宅中，一楼通常带有入户花园或小庭院，顶层附带屋顶花园，中间层则配备了阳台。如何将露台、阳台、庭院这些空间打造成具有自然气息的空间？这就需要设计者花费心思，充分考虑到环境、气候、光照时间、土壤酸碱度、植物的生长周期等条件。

目前，我国的庭院设计师大多来自景观施工单位、设计院、装修装潢公司等。设计师的专业水平参差不齐，容易出现其绘图能力与实践操作不匹配的情况，从而导致创意构思无法落地实施，或者创意不足直接照搬现成的设计。目前，我国在阳台、庭院、露台方面的设计与经验有所欠缺，而人们对高品质生活的愿景十分强烈，需求与供给之间产生了一定的矛盾。

从行业发展来看，庭院设计在一、二线城市，江浙沪地区的发展比较快，商品服务十分健全，先天条件较好，设计思维能够与国际潮流接轨，材料购买也十分方便。三、四线城市由于地理位置等原因，导致庭院设计发展缓慢。

未来第四代住房的愿景是可以让每一户家庭拥有私家庭院，庭院中可以种花种菜、遛狗养鱼，将室内外空间紧密联系，足不出户就能感受到大自然的氛围。

本书从阳台、露台、庭院这三个角度出发，进行空间布局、设计风格、绿化设计、绿植搭配等方面的讲解，将实用、美观、经济的设计方式展现出来，让小小的庭院也能散发迷人光彩。第1章对阳台绿化做了深刻解析，从使用功能到休闲功能，将美观性与实用性相结合，一个空间实现多种用途；第2章对露台空间进行布局设计，对露台的安全性、装饰性、层次性进行详细说明，以营造良好的露台氛围；第3章通过设计形式，打造具有特征的庭院空间；第4章通过介绍时下流行的庭院风格，帮助设计师、业主选择适合的庭院风格；第5章对设计、施工、绿化的重点环节进行详细讲解，以避免读者在施工中走弯路；第6章讲述了超实用的造景技巧，以及读者自己就能动手完成的庭院设计窍门；第7章从绿植选择的角度，具体说明搭配出具有特色的庭院的方法，以达到在庭院中就能欣赏一年四季不同景色的效果。

庭院设计作为一个新行业，拥有健全完整的行业体系还需一定时日，其发展前景十分可观，需要更多优秀的设计人员加入，让庭院设计更加大众化、个性化、国际化。

编　者

目 录

第5章 设计与施工 /103

第6章 景观塑造技巧 /137

第7章 常见的绿植种类 /163

参考文献 /184

第1章
阳台绿化设计

识读难度：★☆☆☆☆
重点概念：阳台类型、设计方法、设计原则、
　　　　　手工绿化技巧

章节导读：

　　在喧嚣的城市里，想要拥有一处属于自己的宽阔庭院，十分不易。人们将目光转到阳台空间，在阳台上栽种花草，制造小水景以愉悦身心，用绿植、蔬菜、花卉来装饰阳台，打造出空中花园般的景观，既能够净化空气，还能改善室内小气候。

1.1 根据阳台类型做设计

从功能上划分，阳台可分为生活阳台与服务阳台。生活阳台供人们休闲、赏景、晾晒衣物、养花种草。服务阳台兼具洗衣、储藏等功能。

1.1.1 阳台类型

根据阳台的结构形式，阳台可以分为凸阳台、凹阳台、复合阳台、封闭式阳台、半封闭式阳台、转角（弧状）阳台。

1. 凸阳台

凸阳台是以向外伸出的悬挑板、悬挑梁板作为阳台的地面，再由各式各样的围板、围栏组成一个半室外空间。在购房时，凸阳台一般是半赠送或全赠送的，这就间接增加了房屋的使用面积，比较划算。

2. 凹阳台

凹阳台是指凹进楼层外墙（柱）体的阳台。与凸阳台相比，凹阳台无论从建筑本身还是人的使用感受上都显得更牢固可靠些，安全系数可能会更大一些。不过，凹阳台的面积是作为建筑面积全部计入房价里的，所以对比凸阳台，价格会高些。

3. 复合阳台

复合阳台也称为半凸半凹式阳台，是指阳台的一部分悬在外面，另一部分占用室内空间，它集凸、凹两类阳台的优点于一身，也是较为理想的阳台类型。

↑凸阳台（一）

凸阳台空间相对独立，视野更加开阔，能够灵活布局

↑凹阳台（一）

在高层建筑中，考虑到安全因素，一般凹阳台居多，在多层建筑中，则凸阳台居多

↑复合阳台（一）

阳台的进深与宽度都很充裕，使用、布局更加灵活自如，空间显得有所变化

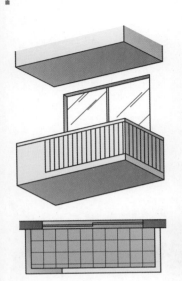

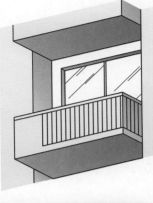
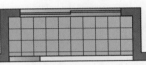
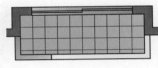

↑凸阳台（二）　　　↑凹阳台（二）　　　↑复合阳台（二）

4. 封闭式阳台

封闭式阳台是指用实体栏板、玻璃等全部围闭的阳台，大多使用塑钢或断桥铝窗户。另外要注意，房屋在规划、设计等环节都已确定为封闭的，才能视为封闭式阳台。封闭式阳台具有很好的隐私保护作用，同时，阳台封闭后阻挡了尘埃和噪声的污染，让家中保持干净卫生。

↑封闭式阳台 （一）

不利于空气流通，夏季室内热量不易散发，冬季室内空气不易流通，这在一定程度上会影响人们的身体健康

↑封闭式阳台（二）

具有很好的安全防范作用，同时也能有效地扩大室内面积，将室内与阳台连成一个大空间

第1章 阳台绿化设计
第2章 露台绿化设计
第3章 小庭院绿化设计
第4章 打造风格小庭院
第5章 设计与施工
第6章 景观塑造技巧
第7章 常见的绿植种类

5. 半封闭式阳台

半封闭式阳台也称未封闭阳台，阳台封闭方法以经过报批的商品房规划设计图来决定，开发商不得擅自变更其封闭方式。半封闭式阳台能让户外的阳光充分地射入室内，让整个室内的采光通透、明亮。

←↓半封闭式阳台

在炎热的夏天半封闭式阳台可让室内热量散发出去，保持空气畅通，给房屋带来良好的通透效果

6. 转角（弧状）阳台

转角阳台位于建筑体的特殊部位，如今的楼盘在设计中越来越多地运用了这种阳台形式。这主要是为了满足建筑立面设计的需要，再就是其视野上的开阔可以给人带来一种全新的感受，所以这种大视角阳台一开始运用于住宅设计中时，便吸引了买房人的目光。180度或270度的观景阳台、落地窗观景台，都能够带来良好的视野效果。

↑大转角弧状阳台

↑小转角弧状阳台

转角弧状阳台能够提供最大范围内的风景，带来良好的视觉感受。在一些新开发的楼盘中，可以看到越来越人性化的阳台设计，将室内与室外空间紧密相连

1.1.2 阳台的设计方法

1. 阳台与其他空间相连

适合户型：面积过小或采光严重不足的空间。将阳台与其他空间相连可以扩大空间，增加采光。

↑ 阳台与厨房一体

↑ 阳台与客厅一体

↑ 阳台与卧室一体

阳台与厨房一体能够弥补厨房光线不足的缺点，将光照引入室内，增强厨房的透风采光性能

阳台与客厅一体能够将两个空间合为一体，增强空间的联系，阳台的作用更明显

阳台与卧室一体能够开辟出一个新空间，作为室内空间的延伸，形成个人休闲空间

2. 阳台作为整理区

适合户型：收纳空间过少，如厨房、过道都腾不出储藏空间的户型。

← 阳台作为整理区

如果阳台与厨房相连，那么最好是在阳台的角落位置，设置一个储物柜用于存放蔬菜瓜果或不常用的物品等，以此延续厨房的操作整理区

↓ 阳台作为洗漱区

3. 阳台作为洗漱区

适合户型：卫生间面积过小的户型。将洗漱区设计在阳台上，能够节省空间。

→ 在面积较小的户型中，可以将洗漱区设计在阳台上，还可将洗衣机放置在晾晒区，以此充分利用每一寸空间

第1章 阳台绿化设计

第2章 露台绿化设计

第3章 小庭院绿化设计

第4章 打造风格小庭院

第5章 设计与施工

第6章 景观塑造技巧

第7章 常见的绿植种类

4. 阳台作为书房

适合户型：缺少一间书房的户型。将书房设计在阳台中也是不错的选择。

↑阳台成为书房

在小户型空间中，将阳台作为小型书房能够解决因面积不足而无法设置书房的问题。在墙面钉置一组搁板作为书架，再放上一张小巧的书桌，就可以营造出一个独立办公区域

↑阳台与房间合并为书房

如果把阳台与居室打通，阳台就可以成为崭新的书房，从而得到更充分的利用

5. 阳台作为休闲区

适合户型：有两个以上阳台的户型，一个作为生活阳台，一个作为服务阳台。

→阳台空白处改为休闲区

将阳台空间腾出来不做任何功能性布置，仅摆放舒适的椅子与小方桌，适用于品茶、观景、发呆，成为独享的休闲区

补充要点

封装阳台的作用

1）更加安全。封阳台后，能够有效防止高空抛物事件的发生，将其可能性降到最低。能够起到安全防盗的作用，减少盗窃案件发生的概率。

2）干净卫生。能有效阻挡风沙、灰尘、雨水的侵袭，减少对阳台的侵蚀，还可以放心晾衣服，不用担心晾晒的衣服被风吹走、被雨淋湿。

3）扩大使用范围。可以作为写字读书、物品储存、健身锻炼的空间。比未封阳台时，可利用的形式更加多样化，增加了居室的使用面积。

1.1.3　小型阳台设计实例

这里列举一套小型标准阳台的设计方案，设计阳台尺寸与布置形式。

根据业主的生活习惯与阳台所处的环境确定将阳台进行封闭处理。该阳台位于建筑低层，马路噪声较大，故选择全封闭方式。将原有阳台围栏部位采用砖墙砌筑封闭，上部采用 5mm + 9mm + 5mm 中空铝合金边框玻璃窗封闭。最终，阳台形成一处完整的室内空间。

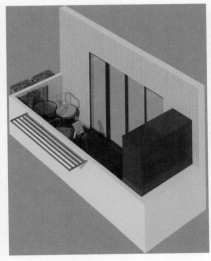 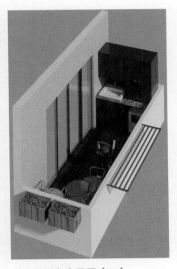

↑小型阳台全景图（一）　↑小型阳台全景图（二）

经过封闭处理后的阳台，一端放置储物柜、水池、洗衣机柜，成为洗衣区，另外还可根据生活需求放置健身单车。另一端设计为休闲区，放置桌椅，制作圆弧形花坛。阳台外部安装种菜箱与晾衣架，具体安装方式与数量根据实际情况确定

↑局部空间图（一）　　　↑局部空间图（二）

第1章　阳台绿化设计

第2章　露台绿化设计

第3章　小庭院绿化设计

第4章　打造风格小庭院

第5章　设计与施工

第6章　景观塑造技巧

第7章　常见的绿植种类

面积较小的阳台地面一般铺装
300mm×300mm地砖，这样在地面上
能轻松制作缓和坡道供地面积水流向地
漏，坡度为2%

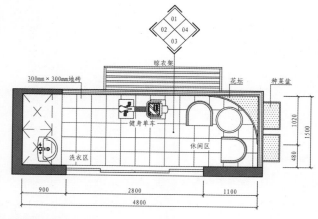

↑ **平面布置图**

顶面灯具设计尽量简洁，为后期安装晾
衣架或其他装置预留空间

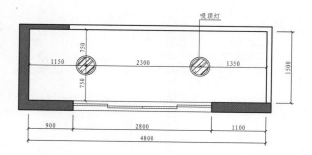

↑ **顶面布置图**

墙面砖可与地面砖为同种规格，但是花
色相对比地面颜色应浅一些，或更加丰
富。健身器材根据需要配置，选择体积
较小的设备更加适宜

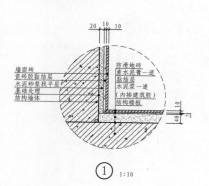

墙面砖
瓷砖胶黏结层
水泥砂浆找平层
基础处理
结构墙体

防滑地砖
素水泥膏一道
黏结层
水泥浆一道
（内掺建筑胶）
结构楼板

① 1:10

↑ **节点详图**

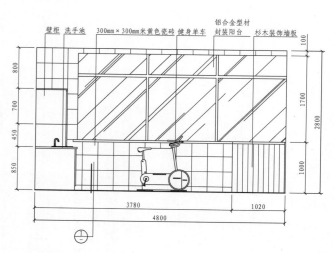

↑ **01 立面图**

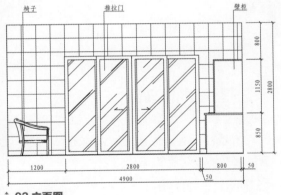

壁柜　洗手池　洗衣机

800
2800
2000

1500

↑ 02 立面图

洗衣区家具为成品定制产品，具体尺寸根据使用需要来确定，洗衣机应当预先购置，以便根据洗衣机尺寸来定制家具

椅子　　推拉门　　　　　壁柜

800
2800
1150
850

1200　　2800　　800　50
50
4900

↑ 03 立面图

墙面全部铺装 300mm×300mm 面砖，这样可以起到良好的防水防潮效果

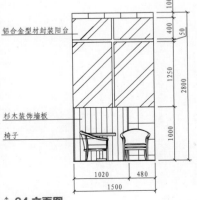

铝合金型材封装阳台

杉木装饰墙板

椅子

100
400
50
1250
2800
1000

1020　480
1500

↑ 04 立面图

杉木板制作的弧形花台可柔化阳台空间的视觉感受，木质纹理的出现能与瓷砖形成对比，提升视觉效果。桌椅家具根据需要选购和摆放，小阳台中的家具一般选择简约风格

第1章　阳台绿化设计

第2章　露台绿化设计

第3章　小庭院绿化设计

第4章　打造风格小庭院

第5章　设计与施工

第6章　景观塑造技巧

第7章　常见的绿植种类

1.2 阳台绿化设计原则

1.2.1 安全是设计第一要素

在设计时应充分考虑到阳台的负荷能力,从安全角度考虑,切忌配制太多过重的盆槽。阳台种植器应悬挂牢固,以免被大风吹翻落地而损坏花盆,甚至砸伤行人。

→不安全性阳台设计

将盆栽放置在阳台外部是错误的做法,盆栽易被大风吹落砸伤行人,十分危险

↑ 安全性阳台设计

将绿植放置在固定容器中,摆放在适当位置,能够杜绝安全隐患出现,保证设计的安全性

1.2.2 适度搭配是设计的基础

根据阳台特点和植物生态要求配置植物,做到适时开花不断,常年香气袭人。但若花木栽种杂乱无章,阳台外观无景可赏,就会影响业主观景心情甚至是城市街景的美观。

1.2.3 层次感是阳台绿化的亮点

进行阳台绿化布置时,要注意阳台地面、栏杆、顶面及内墙等多种环境的绿化层次,形成内外结合、上下结合的多层次、多功能的阳台小花园。

阳台绿化的材料及栽种的植物应与阳台建筑形式相协调,并注意与整幢建筑物风格的搭配

层次感设计应注意地面、墙面、家具、绿植之间的摆放关系与色彩层次

↑ 匹配性设计

↑ 层次感设计

1.3 确定阳台绿化风格

1.3.1 优雅精致的复古风

复古风的阳台绿化通过借助家具质感、墙地面的仿古铺装设计，与其相互搭配，让整个阳台呈现出复古气息。复古风格的阳台绿化适合与中式风格、欧式风格的居室搭配，从而使整个室内空间形成统一感，却又有所变化。

选择具有复古风格的墙纸、地砖、灯具、铁艺桌椅等物件，能够营造复古风氛围

复古风格的阳台可选择颜色较深的绿植，运用具有年代感的容器来装点绿植，具有文艺复古的气息

↑复古风阳台绿化　　↑复古装饰

1.3.2 清爽醒目的热带风

绿色植物也是突显热带风格关键的一笔，尤其以铁树盆栽、绿萝、仙人掌、仙人球、旅人蕉、虎皮兰等植物为主，都具有良好的热带风绿化效果。

↑热带风封闭阳台绿化

热带绿植的叶片较大，能够制造出热带雨林般的阳台景观

↑热带风开敞阳台绿化

由于热带植物喜阳不喜阴，所以需要放置在强光处生长

第1章　阳台绿化设计

第2章　露台绿化设计

第3章　小庭院绿化设计

第4章　打造风格小庭院

第5章　设计与施工

第6章　景观塑造技巧

第7章　常见的绿植种类

1.3.3　朴实自在的自然风

通常情况下，自然风阳台绿化设计与木材联系紧密，木材能够较好地突出自然朴实的气氛，如木地板、竹篱笆、木质花架等，都能营造出自然风光。在选择容器时，可选择陶制器皿，其更符合自然风这一绿化主题。

↑ **自然风阳台绿化（一）**

将形态多样的花盆摆放在阳台栏杆内侧，可在阳台栏杆内侧砌筑地台用于摆放盆栽植物

↑ **自然风阳台绿化（二）**

自然风能够将大自然的景观搬到阳台空间中，通过小范围的绿化设计，提升生活质量，让生活富有诗情画意

↑ **自然风盆栽绿化**

利用具有特色的家具，如凳子盛放小件盆栽绿化，表现出朴实自在的自然风

1.4 阳台绿植的选择

1.4.1 根据阳台朝向选择绿植

1. 朝东阳台

东向阳台早上的日照较强，大概有 3 ~ 4 小时的直射光照，到了午后，阳光就变得柔和起来，但是光线还很明亮。因此，东向阳台适合选择稍微耐阴、半日照的植物。

↓ 朝东阳台可种植的绿植

| 洋绣球 | 凤梨 | 长春花 | 太阳花 |
| 文竹 | 常春藤 | 垂盆草 | 君子兰 |

2. 朝南阳台

朝南的阳台几乎适合所有的花草。因其具有最充足的日照并且日照时间很长，很温暖。朝南的阳台可以选择一些需要大量光线和长日照开花的植物。

↓ 朝南阳台可种植的绿植

| 万寿菊 | 天竺葵 | 铜钱草 | 睡莲 |

第1章 阳台绿化设计

第2章 露台绿化设计

第3章 小庭院绿化设计

第4章 打造风格小庭院

第5章 设计与施工

第6章 景观塑造技巧

第7章 常见的绿植种类

3. 朝西阳台

朝西的阳台有"西晒",中午到黄昏都被阳光直射,因此比东向阳台更热。且墙壁会吸热,入夜之后热量渐渐散发出来,会蒸发消耗掉房间内的水分,从而使房间变得干燥。到了冬天,朝西阳台的东北风很强,温度也较低。

朝西的阳台可以选择全日照或者耐高温日晒的植物,如金钱树、万年青、仙人掌、发财树、沙漠玫瑰、扶桑、玫瑰、杜鹃等。

↓朝西阳台可种植的绿植

金钱树	万年青	仙人掌	发财树
沙漠玫瑰	扶桑	玫瑰	杜鹃

4. 朝北阳台

朝北的阳台光线最弱,虽然夏天不热,但是到了冬天风大且温度较低。因此需要选择比较耐阴或抗风、耐阴或半阴的植物,如绿萝、火鹤花、海棠、单药花等,都具有不错的绿化效果。

↓朝北阳台可种植的绿植

绿萝	火鹤花	海棠	单药花

1.4.2　根据四季变化选择绿植

选择阳台种植的花卉绿植，要考虑一年四季气候的变化，不能春夏秋冬四季始终只种植一种花卉绿植，而应根据季节的更替而适时变换，使阳台一年四季景观各异，各具特色。

1. 春季

适合阳台春季栽种的花卉绿植有迎春、碧桃、丁香、梅花、杜鹃、山茶、牡丹、春兰、海棠、郁金香、风信子、君子兰、三角梅、矮牵牛、朱顶红、紫罗兰、三色堇等。

↓春季阳台可种植的绿植

| 迎春 | 山茶 | 郁金香 | 风信子 |

2. 夏季

适合阳台夏季栽种的花卉绿植有栀子、月季、百合、茉莉、建兰、玫瑰、芍药、蔷薇、荷花、凌霄、白兰、玉簪、马蹄莲、紫薇、夹竹桃、金银花等开花植物；袖珍椰子、散尾葵、石竹、朱蕉、南洋杉、伞草、扶桑、山丹、桔梗等观叶植物。

↓夏季阳台可种植的绿植

| 栀子 | 月季 | 百合 | 茉莉 |
| 袖珍椰子 | 散尾葵 | 石竹 | 马蹄莲 |

第1章　阳台绿化设计

第2章　露台绿化设计

第3章　小庭院绿化设计

第4章　打造风格小庭院

第5章　设计与施工

第6章　景观塑造技巧

第7章　常见的绿植种类

3. 秋季

秋天是收获的季节，植物的色彩偏向于柔和。适合阳台秋季栽种的花卉绿植有一串红、鸡冠花、菊花、万寿菊、大丽花、秋海棠、桂花、木芙蓉、晚香玉、唐菖蒲、藏红花等盆花；火棘、红枫、银杏、三角枫、扶芳藤等观叶观果盆景。

↓秋季阳台可种植的绿植

一串红	鸡冠花	火棘	红枫

4. 冬季

冬季的温度低、天气干燥，绿植能够让室内充满生机，缓解冬季萧条的景象。适合阳台冬季栽种的花卉绿植有仙客来、蝴蝶兰、水仙、蟹爪兰、龟背竹、水竹、天门冬、金橘、寒兰、蜡梅、君子兰、一品红、山茶、文竹等。

其次，冬季距离春季很近，一般会选择色彩鲜艳的花卉来装扮空间，选用绿意盎然的绿植来营造氛围，大部分的绿植都属于耐寒植物。

↓冬季阳台可种植的绿植

仙客来	蝴蝶兰	水仙	蟹爪兰
龟背竹	水竹	天门冬	金橘

1.4.3 阳台绿植搭配设计

阳台植物的种植密度直接影响绿化功能的发挥。

1. 不可以随意选择观赏花木

可以挑选叶色亮丽、多变的观花植物，同时也可以将观叶绿植放在显要的位置，注意应选择色彩反差大的种类进行搭配。

→观赏花木应有色彩对比，不能全部为单一的绿色，色彩较丰富的品种应靠近采光充足的位置放置，以突显空间色彩层次，丰富视觉感受

2. 不同的季节应对应相同的植物

同株植物的四季变化能使业主感受大自然的奇妙与变化。选择业主喜爱的具有季节性代表的植物，对应季节再配置出总体的效果：三季有花、四季有绿。另外也可以选择一些具有经济价值的植物来搭配。

→春夏季植物形态丰富，色彩饱和度高，可再少量搭配四季常绿植物与观花植物。当阳台面积较大时，可以利用上墙花篱与花箱来种植

3. 在搭配上，应分层配置，注重色彩搭配

从视觉效果上看，用不同高度植物的叶色、花色进行搭配会使整个庭院色彩和层次更加丰富，最好是由低到高，四层排列。对园林绿化养护应注意对不同花期的种类进行分次搭配，以增加观赏期。

↑ 具有一定色彩对比

↑ 春夏季植物为主

↑ 利用花架分层展示

阳台一角可以采用花架来展示小株与盆栽植物，不同品种、类别、高度、色彩的植物可分层展示，在养护时也会更有条理

第1章 阳台绿化设计

第2章 露台绿化设计

第3章 小庭院绿化设计

第4章 打造风格小庭院

第5章 设计与施工

第6章 景观塑造技巧

第7章 常见的绿植种类

1.5　阳台绿化布置实施

1.5.1　阳台绿化实施方法

1. 悬挂式

用小巧的容器栽种吊兰、蟹爪莲、彩叶草，悬挂在阳台顶棚上，美化立体空间。或者将小型容器悬挂在阳台护栏上沿，容器内也可栽植藤蔓或披散型植物，使其枝叶悬挂于阳台之外，美化围栏和街景。

↑悬挂式阳台绿化

↑悬挂式绿化局部

2. 藤架式

在阳台的四角固定竖竿，再在上方固定横竿，形成棚架。或在阳台的外边角立竖竿，并在竖竿间缚竿或牵绳，形成类似栅栏的结构。然后将葡萄、瓜果等蔓生植物的枝叶牵引至架上。

↑藤架式阳台绿化设计

↑门形藤架绿化设计

3. 壁挂式

在阳台墙面安装制作挂架、挂板或挂点，放置爬山虎、凌霄等藤蔓植物，也可以挂置盆装绿萝、三叶草等绿植，使其自然下垂，但要注意控制其高度，不应影响阳台空间的正常使用功能。

↑ 壁挂式阳台绿化设计

↑ 壁挂防腐木板绿化设计

4. 阶梯花架式

在较小的阳台中，为了扩大栽植面积，可利用阶梯式或其他形式的盆架，在阳台中进行立体化绿植布置，也可将盆架搭出阳台之外，适当利用户外的空间，从而加大绿化面积和美化街景，一举两得。当然，要注意花架的牢固程度和其安全性，以防盆架坠到楼下，砸伤行人。

↑ 纵深阶梯花架

↑ 垂直阶梯花架

第1章 阳台绿化设计

第2章 露台绿化设计

第3章 小庭院绿化设计

第4章 打造风格小庭院

第5章 设计与施工

第6章 景观塑造技巧

第7章 常见的绿植种类

1.5.2　墙面设计与绿化装饰

1. 瓷砖墙面与绿植

阳台墙面上铺设瓷砖，是十分常见的设计形式，其具有良好的防水效果，尤其是对于凸阳台，能够有效防止雨水侵袭。不同色彩的瓷砖与绿植搭配，可以突显不同的设计风格。如白色墙砖与绿植搭配，可以营造一种清新脱俗的氛围；而灰色的墙砖与绿植搭配，可以营造出北欧风情，以及自在悠闲的阳台氛围。

↑ 瓷砖墙面搁板绿植　　　　　↑ 绿植架应用

2. 防腐木墙面与绿植

将防腐木运用于阳台墙面，能够打造一整面墙的绿化景观。可以采用壁挂式设计，将绿植挂在墙上以有效利用阳台空间。微风拂动，墙上的绿植随风起舞，也是一番不错的景致。

↑ 防腐木坐凳　　　　　　　　　　　　　↑ 防腐木墙地面与绿植

3. 乳胶漆墙面与绿植

乳胶漆的颜色种类多，容易打理与清洗，轻微的污物用湿润的抹布擦拭即可去除，防水乳胶漆能够保护墙壁，防止雨水渗透。

4. 墙地面一体化与绿植

墙地面使用防腐木设计，能够营造出如同花园般的清新自然之感。

与客厅相连的阳台，在设计风格上应与客厅一致，以此从视觉上扩大空间。从图中可以看出，阳台墙面乳胶漆与客厅墙面乳胶漆选择了同一颜色，在阳台推拉门打开后，两个空间成为一个整体

木质地面具有冬暖夏凉的触感，原木色的墙地面与绿植搭配，自然风的绿化布局就立刻呈现出来了

↑ 乳胶漆墙面与绿植　　↑ 墙地面一体化设计

1.5.3　地面设计与绿化装饰

1. 地砖地面

阳台地面采用瓷砖铺地，是一种常见的做法，也是大多数家庭的选择。其具有容易打理、施工方便、易于造景等优势。其次，日常给绿植浇水、整理时容易弄脏地面，但由于瓷砖地面的防水性与耐脏性较好，弄脏的地面会比较容易打理。

←瓷砖地面与绿植设计

将带有工业气息的水泥砖应用到阳台中，其色调统一，有一种自然质朴的水迹磨痕，低调而不张扬，简约纯粹，还原空间的质朴本性，与花架上的绿植营造出极具个性的阳台空间

第1章　阳台绿化设计

第2章　露台绿化设计

第3章　小庭院绿化设计

第4章　打造风格小庭院

第5章　设计与施工

第6章　景观塑造技巧

第7章　常见的绿植种类

2. 地毯地面

将地毯运用到阳台上的装修风格不常见，这一是因为阳台的防水性能，如果防水没做好，铺设地毯必是一场灾难；二是因为地毯的成本比其他地面铺装材质高，铺设工艺更复杂。因此，一般采用局部铺设地毯的方式，以营造气氛为主，以期能够瞬间提升阳台的品位。

→地毯地面与绿植设计

选用户外地毯，能够经得住风吹日晒，一般用水冲洗就能清理干净。深蓝色的地毯与绿植相呼应，整个空间颜色搭配协调。从图中可以看出，绿植大多悬挂于墙上，尽量减少了与地毯的接触，最大程度上烘托氛围，却又不失协调

3. 木地板地面

木地板的热传导效率低，比地砖更保暖，也比地毯的价格低，且脚感舒适，防滑性能也好。相较于地砖冷冰冰的感觉，木地板具有良好的保暖性，能够营造出温馨雅致的休闲气息。

↑木地板地面与绿植设计

灰色地板没有白色的单调，也没有黑色的忧郁，简约大方，最适合现代人的生活观念，也可突出简约的设计风格

↑木地板与种植土搭配

深色地板能够营造出田园气息，与绿植搭配起来有一种户外花园般的感觉

1.6 阳台设计案例

1.6.1 标准阳台设计

阳台是室内空间的拓展，标准阳台是指在主要室内房间采光处向室外延伸的住宅附属空间，宽度与室内房间相当，深度较窄，一般为 1000 ~ 1500mm，是室内空间的外拓补充。

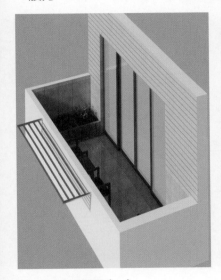

↑ 标准阳台全景图（一）

家具布置简单紧凑，预留出观景空间，如果条件允许，应当拓展阳台的外部空间，根据需要安置晾衣架，但休闲区家具不宜占据过多阳台面积

↑ 标准阳台全景图（二）

绿化种植应当设计在受光的一侧

↑ 阳台局部角落

↑ 阳台家具

第1章　阳台绿化设计

第2章　露台绿化设计

第3章　小庭院绿化设计

第4章　打造风格小庭院

第5章　设计与施工

第6章　景观塑造技巧

第7章　常见的绿植种类

绿化景观型阳台可有效利用阳台左右两端空间进行设计，前提是该户型应当有其他空间放置洗衣机等工作区设备

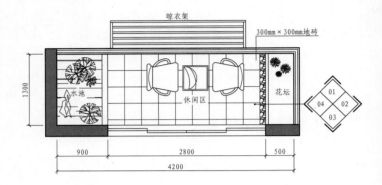

↑ 平面布置图

以景观为主的设计空间可以考虑干、湿结合，即在阳台两端分别设计花坛与水池

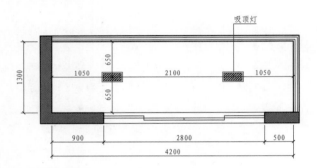

以景观观赏功能为主的阳台，可以设计并制作吊顶，选择嵌入式吸顶灯，将阳台作为室内空间来设计

↑ 顶面布置图

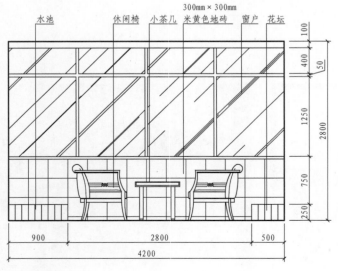

↑ 01 立面图

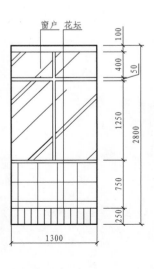

↑ 02 立面图

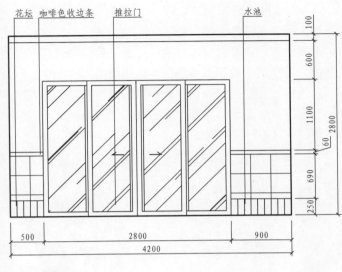

花坛　咖啡色收边条　推拉门　水池

100
600
1100
60
2800
690
250

500　　2800　　900
4200

↑ 03 立面图

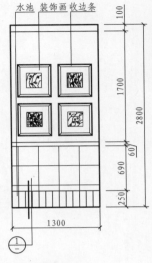

水池　装饰画收边条

100
1700
2800
60
690
250

1300

①

↑ 04 立面图

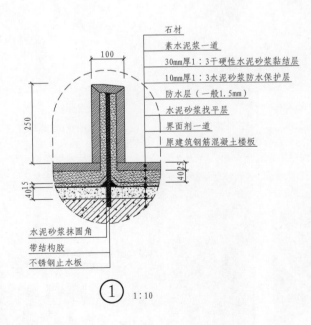

石材
素水泥浆一道
30mm厚1：3干硬性水泥砂浆黏结层
10mm厚1：3水泥砂浆防水保护层
防水层（一般1.5mm）
水泥砂浆找平层
界面剂一道
原建筑钢筋混凝土楼板

100
250
40 15
40 25

水泥砂浆抹圆角
带结构胶
不锈钢止水板

① 1：10

↑ 构造详图

第1章　阳台绿化设计

第2章　露台绿化设计

第3章　小庭院绿化设计

第4章　打造风格小庭院

第5章　设计与施工

第6章　景观塑造技巧

第7章　常见的绿植种类

防水是关键，传统的防水材料，如涂料、卷材等形式都可以使用，但是面积较小，制作成本并不低。可以考虑在五金店购买经过加工的金属板材，用于有承载力要求的部位，如垂直构造中的不锈钢板材，取代传统的砖砌构造，能节省不少空间

1.6.2　异形阳台绿化设计

　　异形阳台属于不规则空间，一般为两种形式，一种是融合了多个室内房间的开间宽度，使阳台变得很宽，另一种是阳台外部围栏或墙体为不规则的弧形或折线形，这虽然拓展了阳台面积，但是不规则的形态会干扰常规设计思维。针对这种情况可以考虑将这种阳台进行分区设计，对每个区独立设计，最终组合成多功能室外拓展区，以提升使用功能。

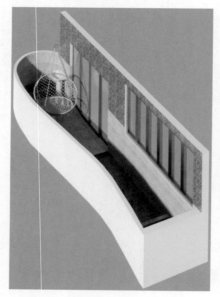

↑异形阳台全景图（一）

异形阳台的面积较大，通常在这种住宅户型中还有其他阳台可作为家务工作用途的空间，而异形阳台主要用于绿化布置与休闲

↑异形阳台全景图（二）

设计水池绿化景观能填充超大的阳台面积，但水景体量不宜过大，以免阳台楼板承重结构受到影响

↑阳台局部角落

↑阳台绿化水池景观

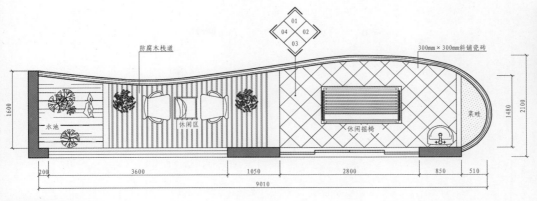

↑平面布置图

水池的面积根据设计需要来设定，水线深度应在 100mm 以内，以免对楼板承重造成影响。通过地面材料铺装来区分各功能区。倾斜铺装地砖在形式上有拓展空间的视觉效果。将阳台的外凸构造设计为菜畦能规整现有空间形态

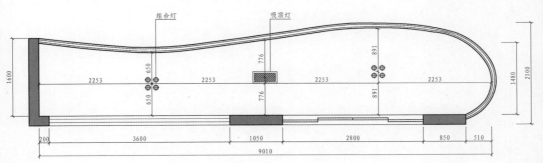

↑顶面布置图

以休闲功能为主的阳台空间可以设计吊顶，并安装多种灯具，以提高照明强度，满足夜间使用需求

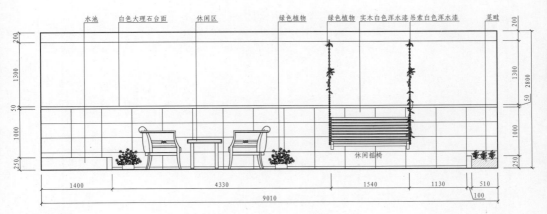

↑ 01 立面图

第1章 阳台绿化设计
第2章 露台绿化设计
第3章 小庭院绿化设计
第4章 打造风格小庭院
第5章 设计与施工
第6章 景观塑造技巧
第7章 常见的绿植种类

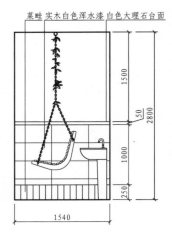

菜畦 实木白色浑水漆 白色大理石台面

1500
50
2800
1000
250

1540

→ 02 立面图

阳台可以不封闭，也可以采用无框折叠玻璃窗。住宅的阳台围栏或墙体高度应当达到1300mm，才能有效保障安全

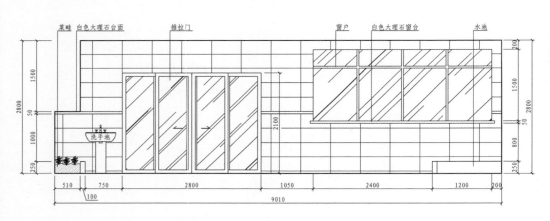

菜畦 白色大理石台面　　推拉门　　　　　　　　窗户　白色大理石窗台　　水池

1500
2800
50
1000
250

洗手池

2100

200
1500
2800
50
800
250

510　750　2800　　1050　　2400　　1200　200
100
9010

↑ 03 立面图

墙面瓷砖可以根据实际情况铺装，如果不封闭阳台，可以考虑墙面全部铺装，以此起到良好的防水、防潮效果

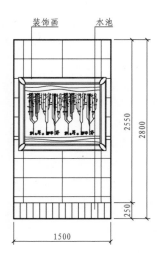

装饰画　　水池

2550
2800

250

1500

→ 04 立面图

选择具有代表性的主题装饰画点缀阳台墙面，可以选用陶瓷材料装饰画，其适用于户外，防止日照后产生褪色

第2章
露台绿化设计

识读难度：★★☆☆☆

重点概念：绿植选配、氛围营造、养护知识

章节导读：

　　想要在喧嚣的城市中拥有一处小花园，是十分困难的，但是露台花园能让这一切变得皆有可能。将露台打造成空中花园，通过不同的绿植种类进行高低错落搭配，利用其形态和季节变化，丰富绿化空间层次，打造出较好的观赏性能，以期在家就能够欣赏到美丽景观。

2.1 露台植物选择要点

2.1.1 光照对绿植的影响

植物的生长依赖于光合作用，绿色植物将水和二氧化碳合成有机物，为植物的生长发育提供养分，并储存有机物在植物生长发育过程中各种代谢过程中所需的能量。

1. 光照充足的露台

屋顶花园是住宅建筑中光照最为充足的区域，一天中能够接收到最多的太阳光。在为其选择绿植时，应选用耐热耐晒的植物，以便能接受烈日的照射。

→**以爬山虎作为背景**

爬山虎、美人蕉、金鸡菊、草皮等绿植属于耐热植物，在长时间光照下长势良好。侧面竖起的矮墙，既能够遮蔽阳光，也为爬山虎提供了生长条件

2. 光照不足的露台

光照不足时，植物叶绿素的形成会受到阻碍，继而影响植物的光合作用，导致植株出现细弱、黄化、落叶、落花的现象。

露台安装钢化玻璃雨篷，如果露台光照不足，可以选择吊兰、虎皮兰、观赏凤梨、千年木、孔雀竹芋、彩叶草、喜阴花等绿植。这些植物可以常年生存在温暖湿润的环境中，养护的位置不需要太多的光照，每天有适当的散射光或保持光线明亮就能生长良好

↑**选择耐阴耐寒的植物花卉**

2.1.2 温度对绿植的影响

1. 低温

低温对植物的伤害是指温度降低到植物能忍受的极限低温以下时给植物带来的伤害。

低温伤害主要有冻害、霜害、寒害三种。从植物本身来看，不同植物的耐寒力强弱不同，同一树种处在不同的生长发育阶段其抗寒力也不同。

←露台温度低导致潮湿阴冷

露台温度低可减少绿植配置，更多运用家具陈设来点缀空间

2. 高温

高温对植物的伤害是指当温度超过植物生长的最适温度范围后，若继续上升，会使植物生长发育受阻，甚至出现死亡的现象。如观叶植物在高温下叶片会褪色失绿，根系早熟与木质化，吸收能力降低从而影响植物的生长。

↑选植耐高温绿化品种

↑遮阳措施

在光照最强烈的时间段，采用可收缩遮阳布覆盖，能够有效缓解高温带来的灼热感，减少强光对绿植的伤害

第1章 阳台绿化设计

第2章 露台绿化设计

第3章 小庭院绿化设计

第4章 打造风格小庭院

第5章 设计与施工

第6章 景观塑造技巧

第7章 常见的绿植种类

2.1.3　风环境对绿植的影响

　　良好的通风环境不仅可以抑制培土、空气中真菌病虫的滋生，同时还能快速蒸发植物周围的水分，从而避免环境出现闷热潮湿的情况。

　　风是植物花粉、种子传播的动力。并且风力的扩散作用，可降低大气污染对植物的危害。而风对植物的有害作用，主要表现在使植物变形，特别是在干燥的季节里，可以使植物的向风侧大量水分蒸发从而使叶片萎蔫，枝条枯死，形成不对称的"旗形"树冠。同时，大风携带的沙粒会打击树木，损伤树皮，还能使树根暴露。而强风可使树干弯曲，造成风倒、风折等灾害。

→阳光房设计

耐寒的绿植，能够在寒冷的季节带来绿意，在选择时尽量选择小型盆栽，方便移入室内。这种设计对露台的面积有要求，露台面积小不利于阳光照射

↑ 玻璃挡板设计

将露台设计成下凹造型，玻璃具有阻挡作用，这样能够避免强风对绿植的摧残，降低对绿植生长的影响

↑ 墙体挡风设计

在受风较强的一侧砌筑墙体，使其能够承受大部分的风力，削弱风力对露台环境的影响，值得注意的是绿植的摆放位置很重要，应避免放在露台的外围与边沿处，以防止掉落砸伤行人

2.2 营造露台氛围的方法

2.2.1 利用家具组合点缀露台

挑选合适的家具，将其摆放在适宜的位置，以此烘托空间的氛围。家具应根据业主的需求，选择大小、颜色合适的家具。切忌图大，更不要为节省空间而忽视各家具的风格而勉强搭配在一起。应根据露台的设计风格、功能、面积等具体条件综合选择。

↑北欧风格家具

↑现代简约家具

根据个人喜好选择家具，简单、纯色、体量大的家具能够很好地营造北欧风，展现出轻松自在的氛围。

2.2.2 利用灯光渲染格调

照明是环境神奇的"化妆术"，在充满生机的露台巧妙地设置灯光，会使露台展现出满满的情调，更有一种浪漫的艺术气息。

←灯饰装饰露台气氛

白天的露台有充足的光源，夜晚的露台则多了一分神秘，运用造型别致的灯具，能够装饰露台环境，渲染浪漫的气氛

第1章 阳台绿化设计

第2章 露台绿化设计

第3章 小庭院绿化设计

第4章 打造风格小庭院

第5章 设计与施工

第6章 景观塑造技巧

第7章 常见的绿植种类

2.2.3　简洁的色彩更抒情

　　渲染环境不一定要靠彩色来夺人眼球，毕竟露台空间有限，花花绿绿的堆砌反而会造成视觉上的杂乱感。相反，简洁的色彩更能优化空间观感。

2.2.4　提升安全感的围护设计

　　在开阔的露台外面围上护栏，会给人带来一种踏实的安全感。利用各种小型攀缘植物如攀爬玫瑰等装扮护栏，不仅能营造亲近自然的氛围，也能起到降温隔热的效果。

↑简单的色彩更易打动人心

少量的绿植搭配富有质感的家具，更能让人心旷神怡，有一种返璞归真的感觉

↑利用护栏装饰露台

露台是居高观景的好地方，设置护栏能够保护人身安全，用藤蔓类绿植缠绕在护栏上，可以形成立体绿化效果，让护栏与绿化设计更好地融合

2.2.5　让露台具有层次感

　　大到空间布局，小到装饰细节，层次之美都是空间设计的重要内容。用独特的设计为露台搭配出层次感，会使整个空间更加开阔、大气。

→具有层次感的露台

利用绿植的大小、色彩进行层次感设计，将乔木、灌木、多肉植物、地坪草等绿植按近景、远景布置，以使视线所到之处都有景色可观

2.2.6 小型露台设计实例

←小型露台全景

小型露台一般位于小型别墅屋顶，面积约为一个常规卧室，在设计布局上可以认为是一处拓宽的阳台，运用遮阳篷营造出局部遮阳避雨的空间，让室内外之间形成过渡

↑露台局部角落

根据审美要求选购绿化装饰陈设品，用于摆放绿化盆栽，避免盆栽落地摆放集落灰尘

↑露台休闲桌椅

露台受光面积大，在全天候无遮挡地面铺装马尼拉草坪，与之搭配防腐木地板，以形成强烈的视觉对比。休闲桌椅以金属结构为主，其耐候性较强适合摆放在室外

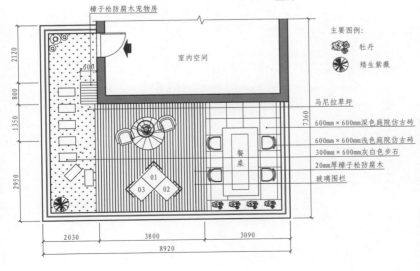

主要图例：

🌸 牡丹

🏵 矮生紫薇

←平面布置图

小型露台的开门处不应直接面对露台，应尽量隐蔽以形成回旋曲折的步入形式，提升露台面积的纵深感

第1章 阳台绿化设计

第2章 露台绿化设计

第3章 小庭院绿化设计

第4章 打造风格小庭院

第5章 设计与施工

第6章 景观塑造技巧

第7章 常见的绿植种类

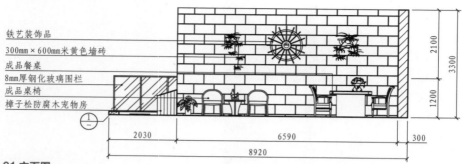

铁艺装饰品
300mm×600mm米黄色墙砖
成品餐桌
8mm厚钢化玻璃围栏
成品桌椅
樟子松防腐木宠物房

2100
3300
1200

2030
6590
300
8920

↑ **01 立面图**

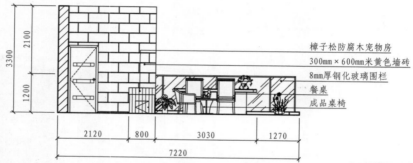

2100
3300
1200

樟子松防腐木宠物房
300mm×600mm米黄色墙砖
8mm厚钢化玻璃围栏
餐桌
成品桌椅

2120
800
3030
1270
7220

↑ **02 立面图**

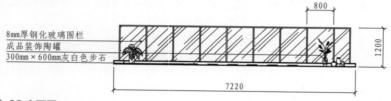

800

8mm厚钢化玻璃围栏
成品装饰陶罐
300mm×600mm灰白色步石

1200

7220

↑ **03 立面图**

小型露台面积不大，应尽量选择精致的材料，在材质上注重华丽感与光鲜感，地面与墙面的材料搭配应尽量丰富，且以全覆盖效果最佳，不用涂料类材料，以防腐木、砖石、草坪装饰材料为主

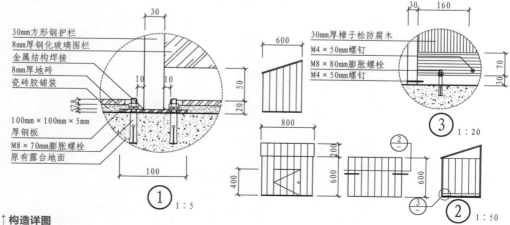

30mm方形钢护栏
8mm厚钢化玻璃围栏
金属结构焊接
8mm厚地砖
瓷砖胶铺装

100mm×100mm×5mm
厚钢板
M8×70mm膨胀螺栓
原有露台地面

30
10 10
50
5 7 8
20
100

① 1：5

30 160

30mm厚樟子松防腐木
M4×50mm螺钉
M8×80mm膨胀螺栓
M4×50mm螺钉

600
30 70

③ 1：20

800

400
600

200
600

② ③
② 1：50

↑ **构造详图**

2.3 露台植物的养护技巧

2.3.1 观花植物养护技巧

1. 月季

月季冬季养护时应注意防寒，不然很容易被冻伤，盆栽的月季可以搬到温暖处养护，地栽的月季则可以选择覆土，即直接在根茎处覆盖一层 50mm 左右的泥炭土或水苔，就能起到较好的保温效果。

↑月季

↑三角梅

2. 三角梅

三角梅是一种热带、亚热带攀缘性的灌木花卉，养护需要常年充足的光照。在寒冷的地方，三角梅会掉叶子，属于正常生长状况，注意避免温度低于5℃时应做控水处理，避免冻伤，盆栽的三角梅可搬到室内窗台。

3. 茶花

冬季不能过早修剪茶花，太早修剪会冻伤茶花，不利生长，当然也不能等到三四月才开始修剪，那样也会影响其生长。最佳的修剪时间是1月中下旬，北方地区可选择在2月左右修剪。

→茶花

第1章 阳台绿化设计

第2章 露台绿化设计

第3章 小庭院绿化设计

第4章 打造风格小庭院

第5章 设计与施工

第6章 景观塑造技巧

第7章 常见的绿植种类

4. 栀子

天气寒冷的地方，冬季应将栀子搬到室内养护，室内温度保持在 10℃左右，温度不应太高或太低，太高会影响其休眠，太低会被冻伤，且应保持一定的环境湿度。

→栀子

5. 石竹

石竹生长期要求光照充足，所以应将其摆放在阳光充足的地方，但夏季以散射光为宜，避免烈日暴晒。温度高时要遮阴、降温。石竹喜干燥不耐水涝，在生长发育期间应保持盆土微微湿润为宜，浇水应掌握不干不浇的原则。秋季播种的石竹，十一十二月浇防冻水，第二年春天浇返青水。

↑石竹

↑醉鱼草

6. 醉鱼草

醉鱼草是一种非常受欢迎的开花灌木植物，它是一种非常迷人，生长姿态特别紧凑的开花植物。其花朵深受蜜蜂和蝴蝶的喜爱，适合作为露台上的观赏盆栽，并自带迷人的芬芳。花色有常见的蓝色、紫色、红色和白色等，其花朵的观赏性很强。

2.3.2 观叶植物养护技巧

1. 芦荟

芦荟是一种热带多肉植物，耐寒性较差，当温度低于5℃时就很容易被冻伤，所以当温度降到10℃以下时养护在室外的芦荟盆栽可以搬到室内。

浇水一般选择在温度较高的中午，应避免在夜晚浇水，更不能直接将水浇到叶片上。

↑芦荟

↑吊兰

2. 吊兰

吊兰是一种对环境适应能力比较强的植物，其具有一定的耐旱、耐寒能力，不过冬季温度低的地方还应搬到室内养护，避免其环境温度低于5℃。

在空气干燥时可在其周围适当喷水，以增加环境湿度，避免因空气干燥而造成植株萎蔫。

3. 天门冬

天门冬喜温暖湿润的环境，喜阳光、耐半阴、怕强光直射。其宜种植在疏松肥沃、排水良好的沙质土壤中。天门冬为肉质根，怕水涝，平时浇水不宜过多。

夏季每天浇一次透水，春、秋季节宜将其放室外养护；冬季放室内光照充足处，室温需保持在5℃以上，10～15天浇一次水，每隔3～5天喷洗一次枝叶。

→天门冬

第1章 阳台绿化设计

第2章 露台绿化设计

第3章 小庭院绿化设计

第4章 打造风格小庭院

第5章 设计与施工

第6章 景观塑造技巧

第7章 常见的绿植种类

4. 绿萝

绿萝是一种热带植物，耐寒性弱，能够适应光照强度比较低的环境，在干燥土壤中或水瓶里面都能生长，对环境的适应力强。

当温度低于 2℃时，绿萝就会被冻死，冬季温度低于 15℃之后就要控水，低于 10℃就基本不用浇水。绿萝害怕寒冷和过度的暴晒，冬天需要搬到室内，以避免冻伤，养护期间应定期喷水，保持湿度，清洁叶片。

→绿萝

5. 常青藤

常青藤是比较耐阴的植物，喜欢凉爽微润的环境，在室内养护应确保土壤中有足够多的水分，避免长期干旱，待其长得特别粗壮之后就不需要经常浇水了。

常青藤几乎不用施肥，可以适当搭设一些小支架，让其攀附生长，甚至可以将其塑造成各种形态。

6. 发财树

浇水应遵循见干见湿的原则，春秋季节按天气晴雨、干湿等情况确定浇水次数，一般每天浇一次。当气温超过 35℃时，每天至少浇两次。

生长期内每月施两次肥，对长出的新叶应及时喷水，以保持较高的环境湿度，利于其生长。冬季每 5～7 天浇水一次，并保证给予较充足的光照。

↑常青藤

↑发财树

2.3.3 水培植物养护技巧

1. 换水

想要给水培植物增加氧气，最简单的方法就是给其换水，当温度较高时，可以每隔5天左右换一次水，这样就可以保持水中的含氧量，让植物根系得到更好的呼吸和生长。

↑经常给植物换水

↑水培植物容器

2. 增氧

首先将水培植物用手托起来，用另一只手固定住植物，然后轻轻地摇晃一下容器，摇晃10次左右即可，这样就会增加水培植物水中的含氧量，让植物有充足的氧气生长。

条件允许的话可以用药物来进行增氧，可以将1%的过氧化氢添加到营养液里面，或者用3%的过氧化氢来给植物增加氧气，这也可以给植物生长的水环境中增添一些氧气。

←物理增氧

如果养殖了大量的水培植物，可以买一个增氧泵来给植物的水环境增加氧气，这样就可以让水培植物得到充足的养分，让植物根系有充足的氧气可以呼吸

第1章 阳台绿化设计
第2章 露台绿化设计
第3章 小庭院绿化设计
第4章 打造风格小庭院
第5章 设计与施工
第6章 景观塑造技巧
第7章 常见的绿植种类

2.3.4 多肉植物养护技巧

1. 合适的土壤

想要养好多肉植物，土壤是重中之重。多肉植物比较适合在肥沃疏松的土壤中生长，要求土壤的排水透气性较好，无菌无虫更加有益多肉的生长。

↑多肉灌溉技巧

↑多肉种植技巧

浇水时应将土壤浇透彻，宜在早晨或者傍晚浇水，让土壤保持水分，尽量不在太阳照射强烈时浇水，这样容易使多肉被灼伤

2. 浇水要适量

多肉叶片能够很好地储存水分，一般浇水频率应较低，但浇水时应浇透。春秋两季是多肉生长的旺季，可以一周浇一次或两次水；夏季时不耐高温的多肉会休眠，此时每天可以给多肉盆栽喷洒水雾保湿；冬天时一周到半个月浇一次水即可。浇水时要避免盆土积水和叶簇中间积水，导致植株腐烂。

↑多肉灌溉技巧

多肉植物缺水时叶子会变瘦，水分多了则只会让多肉拔茎长高，造成徒长，针对这种情况可以对多肉进行适当控水，控制长势，避免徒长

↑茂盛的多肉植物应养护在高盆栽中

茂盛的多肉根系发达，应当移植至较高的盆中，方便根部向下生长

第1章 阳台绿化设计

第2章 露台绿化设计

第3章 小庭院绿化设计

第4章 打造风格小庭院

第5章 设计与施工

第6章 景观塑造技巧

第7章 常见的绿植种类

3. 适宜的光照

多肉植物的生长，需要充足的光照，一般需要将多肉植物放在阳光充足的窗台或阳台上进行养护。如果夏季的温度过高，则需要进行适当的遮阴，避免多肉遭到阳光的暴晒。其他的季节则都可以接受眼光直射，而如果光照不足，则会导致徒长，叶片稀疏不利于观赏。

↑ 适度光照有利于多肉生长

↑ 多肉换盆追加肥料

4. 控制好温度

多肉植物喜欢温暖的环境，最适合在 12 ~ 28℃的环境中生长，所以春秋两季才是多肉的生长旺季。

冬天最好能够确保其环境温度不低于 8℃，或者搬进室内；夏天时，最好能够让多肉植物处于 35℃以下的环境中，避免因过冷过热而影响生长。

5. 合理的施肥

多肉植物生长基本不需要肥料，但若想要多肉爆盆或者开花，可以适当追肥，这对多肉的生长有着很好的促进作用。

多肉主要施加氨肥，如果想让多肉开花的话，就可以多施加一些磷钾肥，但应避免因施肥过多，导致烧根烂根的现象出现。春秋季节换盆时可以施肥，夏冬两季可以不施肥。

→多肉植物混培施肥
多种多肉植物混培，可集中施肥，养分能均衡满足不同品种对肥料的需求

2.4 手把手打造露台花园

2.4.1 利用绿植营造气氛

　　露台同阳台一样，是最适合家庭养殖各种花草的地方，盆栽植物可置于露台的栏板上。设置垂直的绳索、塑料管线，种植葡萄、爬山虎等具有攀缘性能的植物，一方面美化了露台，另一方面又可在盛夏季节起到遮挡阳光的作用。

↑绿植制作休闲区背景　　　　　　　　↑利用绿植装饰露台边角

2.4.2 遮风避雨设施不能少

　　夏日的温度较高，所有的植物处于暴晒中，需给部分不耐旱的植物增加遮阳顶棚，玻璃材质的遮阳篷，在冬季也是植物遮风避雨的好场所，能够很好地保护露台上的绿植；或者拉上可伸缩遮阳篷，根据太阳照射角度来调整遮阳面积，这样也能够有效避免夏日强光的照射。

→遮阳伞贴心设计

选择遮阳伞，既增加了室外的夏日风情，又遮挡了骄阳的直射，收纳也十分方便

2.4.3 露台防水一步到位

由于露台是完全暴露在室外的，其地面铺装材料需要具有防水防滑、坚固耐用、防裂特点的材质。

石材的抗冻与抗晒能力都很强，是不错的户外地面材料。其次，如果露台上有水景设计，需要设计露台的排水系统，以免使用时因积水带来不必要的烦恼。

↑ 地面铺装防水卷材后覆盖水泥砂浆

↑ 地面局部种植草坪可以增强地面吸水排水功能

2.4.4 防止植物根系破坏楼板

露台设计离不开植物，但植物的根系十分强大，有时可以穿透坚硬的楼板，破坏楼板结构，导致房子漏水。因此，在露台上大面积铺装绿植时，需要铺设隔膜，而对于根系较强的植物，可以种植在专门的种植箱里。

↑ 注重对楼板的保护

第1章 阳台绿化设计

第2章 露台绿化设计

第3章 小庭院绿化设计

第4章 打造风格小庭院

第5章 设计与施工

第6章 景观塑造技巧

第7章 常见的绿植种类

补充要点

露台设计原则

1. 经济实用

露台设计应经济适用，能够合理经济地利用现有环境设施，合理栽种绿色植物，创造出不同的环境氛围，通过园林小景新颖特色的布局，使得生态效益、环境效益和经济效益充分结合起来。

2. 系统性

露台设计应具有系统性，克服随意性，统一规划，以植物造景为主，尽量丰富绿色植物种类。选择的园林植物应注重其抗逆性、抗污性和吸污性，首选易栽易活易管护的植物。同时以复层配置为搭配模式，提高叶面积指数，保证较高的环境效益。

3. 安全科学

露台属于高空完全裸露的空间，设计时需要考虑到建筑与居住者的人身安全，具体包括结构承重、屋顶防水构造、屋顶四周防护栏杆高度等问题。绿化植物多以喜阳灌木、草坪为主，这些植物对环境、光照、水分等需求特别旺盛，可以利用自动喷淋技术满足植物的生长需求。

4. 精致美观

露台设计讲求精美，对主景、小景观、路径、尺度等，应仔细推敲，既要与主体建筑物周围的大环境协调一致，又要有独特新颖的露台设计风格。此外，还应在草地、路口及高低错落地段安放各种园林专用灯具，这不仅起到照明作用，还能作为一种饰品增添露台的美观和情调。

↑ 实用性与统一感并存的设计

↑ 安全性与美观并存的设计

2.5 露台设计案例

2.5.1 中型露台设计

第1章 阳台绿化设计

第2章 露台绿化设计

第3章 小庭院绿化设计

第4章 打造风格小庭院

第5章 设计与施工

第6章 景观塑造技巧

第7章 常见的绿植种类

←中型露台全景

中型露台面积较大，一般位于别墅屋顶，面积约为两个常规卧室或客厅，在布局设计上应对地面进行区域划分，将一个完整的空间划分出多个功能区。总体绿化面积不宜过大，可以限定在某一个角落，其余空间采用局部绿化点缀设计

↑ 山石水景一角

山石水景占据一角，搭配休闲椅营造局部休闲空间

↑ 休闲吊篮椅一角

将花园分隔为各自独立的区域，铺装仿古砖衬托

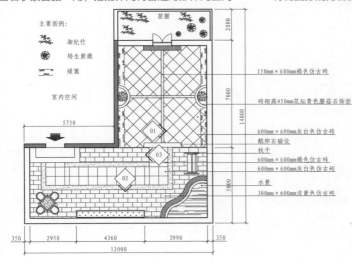

主要图例：

湘妃竹

蔓生紫薇

绿篱

室内空间

苗圃

150mm×600mm褐色仿古砖

砖砌高450mm花坛青色蘑菇石饰面

600mm×600mm灰白色仿古砖

鹅卵石铺设

秋千

600mm×600mm褐色仿古砖

600mm×600mm灰白色仿古砖

水景

300mm×600mm淡黄色仿古砖

2000 7000 14000 5000

350 2950 4360 3990 350

12000

5750

←平面布置图

地面材料划分是设计重点，避免出现空旷且无重点视觉中心的问题，地面铺装应当充实饱满，各种砖石材料应当分布完整

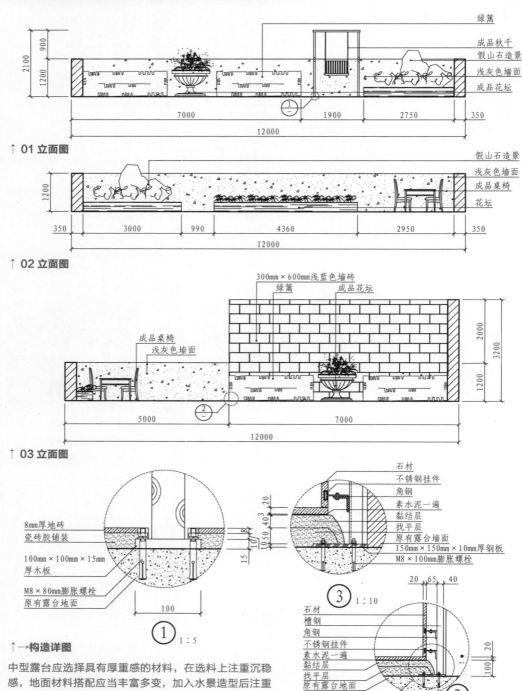

↑ 01 立面图

↑ 02 立面图

↑ 03 立面图

↑→构造详图

中型露台应选择具有厚重感的材料,在选料上注重沉稳感,地面材料搭配应当丰富多变,加入水景造型后注重防水层与导流坡度的设计,不宜采用大型装饰构造,避免在大风气候下出现危险

2.5.2 大型露台设计

←大型露台全景

大型露台位于别墅或洋房屋顶，面积约为整个建筑占地面积的一半以上。布局设计首先应分区，将理想中的功能区全部划分出来，水景与绿化面积不宜过大，否则会增加楼板承重负担。可以将露台设计为室内空间的拓展，选择一些可供室外使用的功能家具，拓展室内空间

↑健身区

户外健身器材安装结构简单，适和露台使用

↑烧烤野餐区

户外烧烤餐桌选用防腐木，完美契合了露台使用功能

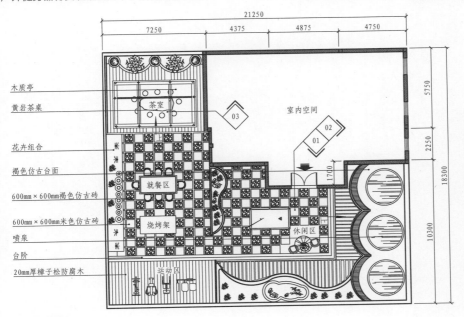

↑平面布置图

功能区划分应齐全，充分考虑所有具有实际功能性的区域，弱化绿植在露台上的作用。根据建筑户型特征确定露台开门方向，将搭建的茶室凉亭设计在露台流线末端

第1章 阳台绿化设计

第2章 露台绿化设计

第3章 小庭院绿化设计

第4章 打造风格小庭院

第5章 设计与施工

第6章 景观塑造技巧

第7章 常见的绿植种类

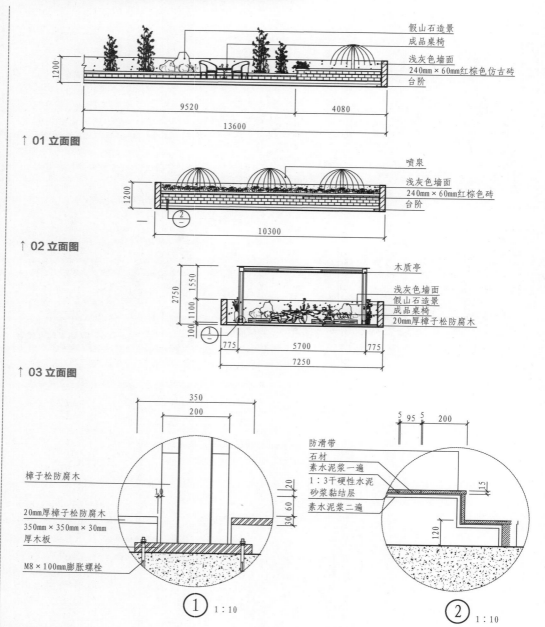

↑ **01 立面图**

假山石造景
成品桌椅
浅灰色墙面
240mm×60mm红棕色仿古砖
台阶

9520 4080
13600

↑ **02 立面图**

喷泉
浅灰色墙面
240mm×60mm红棕色砖
台阶

10300

↑ **03 立面图**

木质亭
浅灰色墙面
假山石造景
成品桌椅
20mm厚樟子松防腐木

2750 1550
1100
100

775 5700 775
7250

350
200

樟子松防腐木

20mm厚樟子松防腐木
350mm×350mm×30mm
厚木板

M8×100mm膨胀螺栓

① 1:10

5 95 5 200

防滑带
石材
素水泥浆一遍
1:3干硬性水泥
砂浆黏结层
素水泥浆二遍

120

② 1:10

↑ **构造详图**

大型露台尽量选择多样化材料，在选料上注重多样性。地面固定构造主要采用膨胀螺栓，不能采用膨胀螺钉。水景构造设计应轻量化，水池较浅，防止楼板过载导致危险，同时应避免破坏楼顶面的防水层

第3章
小庭院绿化设计

识读难度：★★★☆☆
重点概念：美观性、空间布局整理、细节设计、
　　　　　管理

章节导读：
　　拥有一处私家庭院，是身处闹市中每个人的梦想。庭院可以种植树木、果树、蔬菜、花卉等，通过合理有效的布局设计，能够将公园里的景观搬到自己的住宅旁，近距离地感受自然美。

3.1 小庭院的形式美

3.1.1 保持统一的秩序美感

保持统一是指贯穿整个庭院设计的线索或主题的统一性，将没有联系的部分组成有机的整体。如将建筑、景观、植物等都组合在一起，形成各自独立又相互连贯的实体。

在设计时应注重各设计元素之间的和谐关系，设计对象达到统一，才会让人觉得整个设计浑然一体。

→统一感设计

隐约可见的石屋与地面、花坛相呼应，在寻求同一材质的同时也明确了相应的变化，使空间内容更加丰富，也不会显得过于单调

3.1.2 适当重复制造惊喜

重复是指在庭院中反复使用类似的元素，或有相似特征的元素。因为这些元素有许多共同之处，能产生强烈的视觉统一感。缺乏重复或相似性的设计对象在视觉上必定是混乱的。当然，完全重复也会导致单调乏味，很快就会使观者产生视觉疲劳。一些造型别致的绿化植物，整齐地种植在庭院中的主通道地面或墙面上，可以形成良好的审美感受。

最理想的创意方法就是在庭院中适当重复某些造景装饰元素，以求统一，维持多样的视觉效果，在多样与重复之间应取得平衡。

→绿植造型重复设计

盆栽对称且重复的排列，营造出简洁的秩序美，成为庭院景观中的重点

3.1.3　把握均衡使景点相互衬托

庭院空间应表现均衡，庭院中各部位都应有观赏或使用功能的景点。在某一处装饰景点也应保持形态、大小的平衡。均衡在绿化种植设计中效果很明显，奇数株植可以获得均衡感，在一侧种植形体较大、较松散的树木，而另一侧是有重量感的建筑物，就能达到视觉上的平衡。庭院道路两侧的绿化植物品种不同，但是在分配的体量上却看似相同，也可以将绿化植物与建筑构造在视觉上形成均衡，两者相互衬托。

←景观均衡设计

建筑主要向道路右侧偏移。为保持道路左右两侧的体量感，可在左侧用小型乔木搭配一些灌木丛，以彰显左侧空间的重量感，右侧配上一棵体量适中的乔木，刚好平衡了空间

3.1.4　控制尺度提升庭院品质

庭院中的比例与尺度由许多因素决定，包括建筑、周围环境、占地面积等。在庭院中，任何设计对象的尺度过大都会让庭院显得过小，如一棵大树种在一个相对狭小的庭院内，从视觉上，会明显"缩小"庭院的面积。

←尺度不足导致建筑与景观不协调

在小院中种大树还可能会对建筑结构造成破坏。此外，尺度过大的篱笆、围栏、墙也会影响庭院的空间感。图中房屋门前的那部分草丛及高大的乔木，使得原本并不高大的房屋，看上去更加矮小及圆润

第1章　阳台绿化设计

第2章　露台绿化设计

第3章　小庭院绿化设计

第4章　打造风格小庭院

第5章　设计与施工

第6章　景观塑造技巧

第7章　常见的绿植种类

3.1.5 保持设计韵律使庭院富有节奏感

1. 重复设计

为了产生设计韵律感，可以在庭院布置中重复某个元素或将一组相似的元素创造出显而易见的次序。这些元素之间的摆放间隔决定了设计韵律的特征与节奏。

在庭院设计中，重复设计可用于铺地、栅栏、墙面、植物等环境中，这些环境中重复元素之间摆放的间距对控制韵律的节奏而言非常关键。

对称的防腐木栅栏，成对的小鸟滴灌装置，若干悬挂的盆栽，都体现出重复设计的美感

↑重复元素设计

地面铺装形体倒置，运用地面铺装材料的形体结构而相互交替错落铺装，形成倒置美感

↑地面铺装倒置设计

2. 倒置设计

倒置是一种特殊的美化交替，将修整过的元素与序列中原始元素相比较，属性完全相反，如大变小、宽变窄、高变矮、整变散等。

这种类型的序列变化是戏剧性的，且非常引人注目，如地面铺装形体倒置。

3. 渐变设计

渐变是将序列中重复的设计对象逐渐变化组合而成。序列中重复对象的大小逐渐变化，或是色彩、质地、形式等特征逐渐变化，从而产生视觉刺激，不会形成突然或不连贯的效果。

→喷泉跌水由高向低渐变

3.1.6 对比设计突出庭院重点

在庭院景观设计中，为了突出园内的某局部景观，利用在体形、色彩、质地等方面与之相对立的景物与其放在一起表现，营造出强烈的戏剧效果，同时也给人一种鲜明的审美情趣。

←绿植与家具对比设计

通过绿植的对植处理，各处的盆栽高度产生对比感；门口绿植对称式的布局，让整个空间的布局越发对比明显

3.1.7 提升趣味性营造视觉焦点

在面积较小的庭院中，可以以低墙、漏窗、渐渐消失的小路或好像蕴藏着的植物空间作为视觉焦点以提升空间设计的趣味性。视觉焦点在为庭院提供趣味性方面起着至关重要的作用，一个吸引人的焦点，即便是在远处看，也会给参观者带去新奇的感受。

←在庭院中丰富亭子设计

在庭院中建造封闭感较强的亭子，在其对立的墙面上分别开设门洞，人的视线能穿越两个门洞，观看到亭子另一侧的局部场景，这样就能激发人的游览兴趣，愿意步入亭子并穿堂而过

第1章 阳台绿化设计

第2章 露台绿化设计

第3章 小庭院绿化设计

第4章 打造风格小庭院

第5章 设计与施工

第6章 景观塑造技巧

第7章 常见的绿植种类

3.1.8　质地分配感受景观魅力

　　质地是指庭院中各物体表面结构的粗细程度，以及由此引起的美的感受。细质地是指草坪、覆满青苔的砖石表面或用光洁材料铺装的地面；中质地如小卵石铺装的地面，或碎石散铺在松软的泥土上；粗质地是指鹅卵石铺装的地面，粗壮的树木，防腐木制作的桥面、露台、篱笆，大面积拉毛水泥墙面，砖或乱石砌筑的挡土墙，大叶面地被植物，条石台阶等。

↑ **细质路面的质感**

草坪、光滑的石砖在视觉上比较柔和，容易形成细腻的细质地面

↑ **粗质地面的质感**

大小不一的鹅卵石，在视觉上形成粗质地面，显得粗糙

3.1.9　加强各元素之间的联系

　　加强各元素间的联系是指将庭院中不同的元素连接到一起，人们的目光就能很自然地从一个元素转移到另一个元素上，其间没有任何间断，以形成连贯的庭院景观。

→**各元素联系紧密**

加强各元素间联系的方法常用于庭院立面设计中，如灌木、栅栏或围墙都可以用于联系庭院中容易分离的元素，如用低矮灌木与栅栏加强各元素之间的联系

3.1.10 小庭院设计实例

↑ **小庭院全景图**
比较封闭的小庭院适用于追求居住环境隐秘性的一层住宅，设计有停车位、绿化景观、休闲桌椅等，围墙高耸，给人带来很强的安全感

↑ **壁泉水景局部**

↑ **休闲桌椅局部**

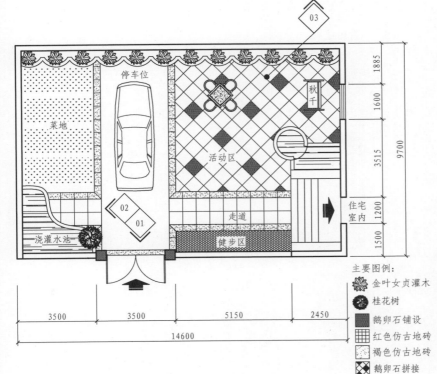

主要图例：
❀ 金叶女贞灌木
● 桂花树
▦ 鹅卵石铺设
⊞ 红色仿古地砖
⬚ 褐色仿古地砖
⨯ 鹅卵石拼接

←**平面布置图**
庭院呈十字形走道布局，将主要功能区划分为菜地、停车位、浇灌水池、活动区、走道健步区五个区，将面积不大的小庭院拓展出更多的使用功能

第1章 阳台绿化设计
第2章 露台绿化设计
第3章 小庭院绿化设计
第4章 打造风格小庭院
第5章 设计与施工
第6章 景观塑造技巧
第7章 常见的绿植种类

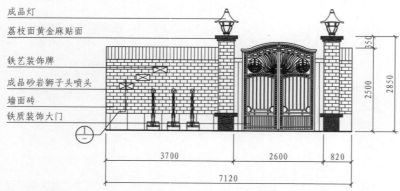

成品灯
荔枝面黄金麻贴面
铁艺装饰牌
成品砂岩狮子头喷头
墙面砖
铁质装饰大门

3700　　2600　820
7120

↑ 01 立面图

围合封闭是传统风格庭院的首选设计方式，其内部装饰细节较多，选材用料丰富，并注重墙面装饰材料搭配与构造细节的衬托，可以选用体块较小的装饰墙面砖，并统一运用到地面上。围墙的结构要求稳固结实，控制好高度，超过2500mm后会引起闭塞感，因此在墙面上可以分层铺装砖石，以提高视觉的层次感

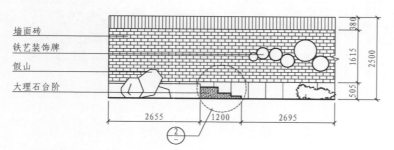

墙面砖
铁艺装饰牌
假山
大理石台阶

2655　　1200　　2695

↑ 02 立面图

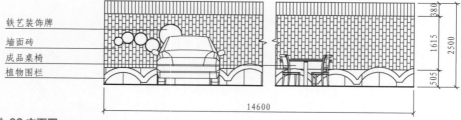

铁艺装饰牌
墙面砖
成品桌椅
植物围栏

14600

↑ 03 立面图

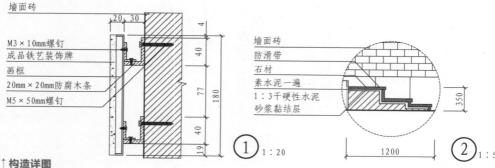

墙面砖

M3×10mm螺钉
成品铁艺装饰牌
画框
20mm×20mm防腐木条
M5×50mm螺钉

墙面砖
防滑带
石材
素水泥一遍
1：3干硬性水泥
砂浆黏结层

① 1：20　　　1200　　② 1：50

↑ 构造详图

3.2 小庭院空间分析

3.2.1 对称式布局

　　庭院布局平衡且对称，有一条对称轴，左右或前后的布局形式一样，对称轴可以是通行道路，也可以是花坛景观，只需保持两边构造对称即可。对称式布局匀称显得中规中矩，是理想的独处小憩场所。

←对称布局设计

以休闲桌椅为对称轴，两侧的绿植对称，显得整齐规整

3.2.2 不对称式布局

　　这种布局形式在现代庭院中比较流行，布局不依靠常规的装饰品或景物，而是通过不同位置的景观相互映衬来达到布局上的平衡。不对称两侧元素的形态大小应具有比较明显的区分，这是一种极具活力的设计形式，适合各种风格的建筑，十分百搭，尤其能塑造出完美的现代风格庭院。

←不对称布局设计

组合式的庭院设计，其各个区域功能明显，风格显得更加灵活、自由，两侧单株植物形成不对称布局

第1章　阳台绿化设计

第2章　露台绿化设计

第3章　小庭院绿化设计

第4章　打造风格小庭院

第5章　设计与施工

第6章　景观塑造技巧

第7章　常见的绿植种类

3.2.3 自然式布局

自然式布局的设计均是按照天然景观来进行设计的，没有人工雕琢的痕迹，也不会有过分堆砌的结构，材料偏向于纯天然材质。

在其设计上，追求自然天成的美学境界。尽量避免采用硬质构造物，如果必须采用的话，也需要使用天然材料来进行搭建，此时可以选择使用木材或石材，这样和周边环境搭配可以更和谐。

→自然式布局设计

自然式布局一般适用于面积狭小的庭院空间，通过流畅的线条可以弱化原有规则边界的压抑感。设计自然式庭院的目的在于使庭院显得既丰富又简单，复杂的造型会造成视觉上的压抑感

3.2.4 混合式布局

混合式布局融合了不对称布局、对称布局、自然布局这三种表现形式，如果在整体布局上无法始终选择其中一种布局形式进行设计，不妨试试混合式布局。它有着自然式布局的天然与美好，也具有对称式布局的规整与不对称布局的灵活自在。

在设计中，一般靠近住宅的部分采用规则设计，如果整块地形不规则的话，就更加适合设计成混合式布局，无论在对称还是不对称布局中都可以运用混合式布局。

→混合式布局

混合式布局是将成组的设计元素放在一起，形成独立的布局单元

3.3   小庭院绿植的选择

3.3.1   叶型对比与色彩互补

在设计这种对比和互补的植物组合时，用少量的黄色和紫色的观花植物搭配，可以使整个组合产生良好的协调性，同时也能突出组合中其他植物元素的特色。不论紫色和黄色的深浅，或是选择其他颜色进行搭配，或者采用群体形较小、质地柔软、叶型较圆的植物，在叶型和外形上的巨大反差，都将形成较强的戏剧性的视觉效果。

←植物色彩互补设计

红色、黄色的花朵与绿色的叶子相搭配，让整个画面更富有对比鲜明的视觉效果

3.3.2   基础色调相同

紫色、蓝紫色以及红紫色的搭配，是通过借助细微的色彩差别，以获得明显的对比效果。如绣球花选择了蓝紫色和紫红色两种颜色，色彩的接近使得组合景观的协调性近乎完美，成为花园里的经典景色。

↑基础色调相同设计

色调一致的景观，视觉效果十分柔和，能够营造出和谐的画面感，这种设计形式十分常见

第1章 阳台绿化设计

第2章 露台绿化设计

第3章 小庭院绿化设计

第4章 打造风格小庭院

第5章 设计与施工

第6章 景观塑造技巧

第7章 常见的绿植种类

3.3.3　颜色相同外形不同

将两种或者更多种相同色系的观花植物栽种在一起时应通过株型和叶形的差异来确保组合的景观效果。

例如，将多肉植物、竹子、芦荟等颜色相同，但外形截然不同的植物设计在一个空间中，每种植物都是不可分割的部分，共同组成一个景观亮点。

→**色彩相同的绿植布置**

在颜色相同的空间中，可以通过孤植、丛植、群植等手法，打造亮点，这也是植物造型的重要手法

3.3.4　叶型存在较大差别

观叶植物经过巧妙的搭配组合，能给人宁静舒适的感觉。在处理这种组合时，可根据绿色深浅程度的细微差别安排植物位置，也可以根据植物的叶片大小、形状、纹理等进行分类组合。

↑**阔叶与小叶植物搭配**

↑**不同叶型的绿植布置**

对于观叶类植物，挑选叶片的形状、质感是十分关键的，需仔细斟酌

3.3.5 颜色与外形存在差异

　　蓝紫色与醒目的黄色并排栽植，可形成极为强烈的对比效果，因为这两种颜色没有共同的色彩元素，且色彩差别较大。将紫色的薰衣草与白色蒲公英种在低密度空间中，其色彩上的反差与弱化感，会让植物的外形差异达到平衡。

↑ 蓝紫色与黄色观花植物布置

黄色与蓝紫色属于强对比关系，蓝紫色明度低，黄色明度高，在色彩上具有较大差异，在庭院绿化中，能够达到对比明显的效果

↑ 薰衣草

↑ 蒲公英

薰衣草呈叶条状，表面星状绒毛，干燥时灰白色或橄榄绿色；蒲公英形似绒球，随风飘落十分柔美。将这两种植物运用在庭院中，能够通过色彩之间的调和，减轻植物外形的差异感

第1章 阳台绿化设计

第2章 露台绿化设计

第3章 小庭院绿化设计

第4章 打造风格小庭院

第5章 设计与施工

第6章 景观塑造技巧

第7章 常见的绿植种类

3.3.6　高度与外形存在差异

　　通过植物不同的外形和高度能够很好地区分开彼此，同时，因为植物外形的差异，能够搭配出与众不同的庭院景观。例如，丛生丝兰拥有像剑一样狭长而直立的叶片，与周围其他的植物相比，形象十分突出。

↑**多肉**

丝兰与多肉搭配。多肉憨厚可爱，形态乖巧，与丝兰的外形正好相反，这两种植物一刚一柔，具有良好的视觉效果

↑**丝兰**

丝兰终年常绿，易成活，生命力强，在我国多数地区可安全过冬，是庭院绿化的好帮手

↑**多肉**

↑**丝兰＋多肉**

↑**丝兰**

丝兰与其他叶型圆润、细小的绿植搭配，能够展现出丝兰坚硬、挺拔的形态

3.4　小庭院绿化养护方法

3.4.1　选择合适的种植土

　　土壤是植物茁壮生长的关键，植物所需要的水分、肥料、新鲜空气都来自土壤的调节。因此，无论是盆栽还是直接种植，都要选择适宜生长的土壤，这关系到植物的成活率、生长速度与质量。

　　当庭院内种植的种类较为复杂时，应根据植物的属性、生长习性、酸碱度等，配置适宜的土壤，可以通过分区配置以种植不同类型的绿植。

↑ 根据植物种类分区配置选择种植土壤

↑ 选择优质的盆栽土

相对于直接种植在庭院的绿植，盆栽对土壤的要求更严格，优质的盆栽土应疏松、透气、透水能力好，具有较强的保水、持肥力，这样的土壤有利于植物根系的生长发育

1. 成品种植土

　　营养土是为了满足幼苗生长发育而专门配制的含有多种矿物质营养的土壤，其具有疏松通气，保水保肥能力强的特征，且具有无病虫害的床土。营养土一般由肥沃的大田土与腐熟厩肥混合配制而成。

↑ 花卉用种植土

↑ 多肉用种植土

成品种植土价格较高，不适合在庭院中大面积覆盖使用，更多成品营养土是针对专项绿化植物而使用的，如花卉、多肉植物，这些营养土产品的配比均不同，不能交替混用

第1章　阳台绿化设计

第2章　露台绿化设计

第3章　小庭院绿化设计

第4章　打造风格小庭院

第5章　设计与施工

第6章　景观塑造技巧

第7章　常见的绿植种类

2. 种植土常用原料

庭院种植土不能为单一土质，需要根据绿化植物品种选择不同的原料进行搭配，从而符合不同植物的特性，以下介绍种植土常用原料，可根据实际需要选配。

↓种植土常用原料

名称	图例	特性
园土		又称菜园土、田园土，因经常施肥耕作，肥力较高，团粒结构好，缺点是干时表层易板结，湿时通气透水性差，不能单独使用，种过蔬菜或豆类作物的表层沙壤土最好
腐叶土		又称腐殖质土，是利用各种植物的叶子、杂草等掺入园土，加水和粪尿，经过堆积、发酵腐熟而成的培养土，pH 值呈酸性，需经暴晒过筛后使用
山泥		天然的含腐殖质土，土质疏松，呈酸性，质地较黏重，含腐殖质也少。山泥常用作山茶、兰花、杜鹃等喜酸性花卉的主要培养土原料
河沙		排水透气性好，掺入黏重土中，可改善土壤物理结构，增加土壤排水通气性，可作为配制培养土的材料，也可单独用作扦插或播种基质
砻糠灰、草木灰		砻糠灰是稻壳烧成后的灰，草木灰是稻草或其他杂草烧成后的灰，都含丰富的钾肥，加入培养土中，使之排水良好，土壤疏松，并增加了钾肥含量，pH 值偏碱性

名称	图例	特性
骨粉		将吃完剩下来的鸡鸭骨头、猪骨头，放在高压锅煮透，捞出来晾干，用小锤子敲碎，掺入到盆土中即可，含有大量的磷肥，每次加入量不得超过总量的 1%
木屑		疏松而通气，保水、透水性能好，保温性强，重量轻又干净卫生，pH 值呈中性和微酸性，可单独用作培养土
珍珠岩		其多孔的特性，可保存大量的水分和营养成分，并长时间地供给植物的生长需要，利于根系深入到珍珠岩基质内部吸取养分
蛭石		具有良好的阳离子交换性和吸附性，可改善土壤的结构，储水保墒，提高土壤的透气性和含水性，使酸性土壤变为中性土壤
有机肥		动物粪便，一般为鸡粪，消除了其中的有毒有害物质后，富含大量有益物质，能提供全面营养，而且肥效长，可增加和更新土壤有机质，促进微生物繁殖，改善土壤的理化性质和生物活性

↓ 制作种植土配方

名称	主要原料	特性适用
通用花卉土	山泥：园土：腐殖质：砻糠灰 = 2：2：1：1	利用各种植物的叶子、杂草等掺入园土，加入水和有机肥，经过堆积、发酵腐熟而成的培养土，pH 值呈酸性，需经暴晒过筛后使用，适用于盆栽花卉，如一品红、菊花、四季海棠、文竹、瓜叶菊、天竺葵等

第1章 阳台绿化设计

第2章 露台绿化设计

第3章 小庭院绿化设计

第4章 打造风格小庭院

第5章 设计与施工

第6章 景观塑造技巧

第7章 常见的绿植种类

（续）

名称	主要原料	特性适用
轻肥土	园土：堆肥：沙：草木灰 = 4：4：2：1	天然含腐殖质土，土质疏松，呈酸性，质地较黏重，含腐殖质也少，适用作山茶、兰花、杜鹃等喜酸性花卉培养土
重肥土	山泥：腐殖质：园土 = 1：1：4	适用于偏酸性花卉，如米兰、金橘、茉莉、栀子花等
碱性土	园土：山泥：河沙 = 1：2：1、园土：草木灰 = 2：1	适用于偏碱性花卉，如仙人掌、仙人球、宝石花等
扦插土	园土：砻糠灰 = 1：1	用于扦插或播种
营养土	腐叶土：河沙：草木灰：骨粉：木屑：珍珠岩：有机肥 = 2：1：1：0.5：0.5：0.5：1.5	具有良好的排水、透气性和保水保肥能力，它不但干净、无异味，而且能改良土壤、杀菌和抑制土传病，使植物根系生长旺盛，是各种花卉、盆栽植物的理想用土

3. 种植土酸碱度

1）土壤酸碱度用 pH 值表示。pH 值 <5.0 为强酸性，pH 值为 5.0 ~ 6.5 为酸性，pH 值为 6.5 ~ 7.5 为中性，pH 值为 7.5 ~ 8.5 为碱性，pH 值 >8.5 为强碱性。如果土壤酸碱度不合适，会妨碍植物对养分的吸收。

2）土壤酸碱度的测定。取少量培养土，放入玻璃杯中，按土与水的混合比例为 1：3 加入水，充分搅拌，用 pH 试纸蘸取澄清液，根据试纸颜色的变化可知其酸碱度。

3）土壤酸碱度的调整。酸度过高时，可在培养土中掺入一些石灰粉或增加草木灰（砻糠灰也可）的比例。碱性过高时，可加入适量的硫酸铝（白矾）、硫酸亚铁（绿矾）或硫黄粉。

↑ 种植土酸碱度测试

3.4.2 植物浇水的原则

观叶类植物需要保持叶面整洁，所以应经常对叶子进行淋洗。一般情况下，抗旱能力较强的植物叶片小、质地硬或叶表有厚的角质层或密生茸毛，其需水量小，如多肉多浆植物、仙人掌等都有着极强的抗旱能力；抗旱能力较低的植物叶片大、薄而柔软，其水分蒸发较快，喜欢生活在湿润环境中，需水量大，如绿萝、铜钱草、合果芋等不耐旱植物。

↑龙舌兰

↑仙人掌

↑芦荟

↑绿萝

↑铜钱草

↑合果芋

观花类植物浇水适度，花期才能更长。如来自热带雨林的花卉，其抗旱能力差，对环境的空气湿度要求高，需水量大。在生长旺盛时期的花卉，需要充足的水分；而在休眠期的落叶植物，相对休眠期的常绿植物，则需要较少的水分。

↑正确浇水：远距喷水雾

↑正确浇水：近距洒水

↑错误浇水：远距水柱会破坏花蕊

第1章 阳台绿化设计
第2章 露台绿化设计
第3章 小庭院绿化设计
第4章 打造风格小庭院
第5章 设计与施工
第6章 景观塑造技巧
第7章 常见的绿植种类

3.4.3　绿植虫害的处理方法

庭院作为种植绿植的微小环境，由于其土壤的通风透气性差，所以是虫害的高爆发地带。如何有效防止虫害对绿植的侵害，是日常管理中的重点。一旦绿植遭受了虫害，如何快速处理虫害问题，值得关注。

首先，防治庭院植物病虫害，在栽种植物的位置方面一定选择通风条件好的，避免种植在密闭空间。

然后，定期修剪植物，防止诱发真菌病害。栽种植物的空间应有适当的间隙，防止出现植物之间的过度竞争，造成植物发育不良的情况。

最后，避免植物之间过度拥挤，绿植种植数量超载会导致空气不流通，容易出现过于潮湿和诱发黑腐病等问题。

↑ **绿植配植尺度适宜**

植物高低错落来配植，能够充分得到光照，空气流通性好，每种绿植留有间隙，保留生长空间，避免绿植生长不良

1. 生物防治

生物防治对人、畜、植物安全，病虫不产生抗性，对天敌来源等有长期的抑制作用。采用以虫治虫、以菌治虫、以菌治病等防治方法，必须与其他防治相结合才能发挥作用。

2. 物理防治

用器械和物理方法防治病虫害，如早春地膜覆盖可大量减轻叶部病害发生，覆膜后阻隔了病菌传播，同时地温升高湿度加大，加速病株腐烂减少侵染源，还可采用简单人工捕杀法、诱杀法、色板诱杀等。

3. 化学防治

方法简单见效快，应选用高效低毒低残留农药，通过改变施药方式减少用药次数，发挥化学防治的优越性，减少其毒副作用。

3.5 小庭院设计案例

3.5.1 中式现代风格小庭院设计

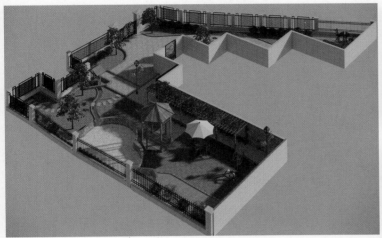

↑ **小庭院全景图**

环绕式庭院的布局设计比较容易，将主体建筑周边空间作为主要功能区，而贴近外部道路的区域进行简化设计，远离外部道路的区域细化设计，将繁简分开，形成主次对比

↑ **亭台水景局部**

↑ **水井局部**

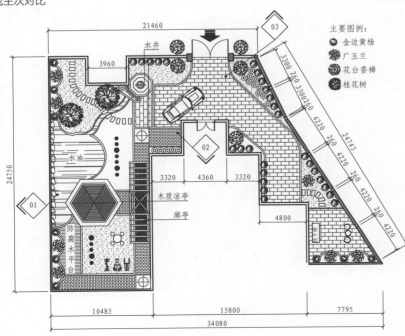

主要图例：
- 金边黄杨
- 广玉兰
- 花台香樟
- 桂花树

←**平面布置图**

现代中式风格庭院特别注重隐私性，在布局上强调内外对比，将亭台、水池景观等精致的细节安放在建筑背后，形成悠然自得的户外起居空间

第1章 阳台绿化设计

第2章 露台绿化设计

第3章 小庭院绿化设计

第4章 打造风格小庭院

第5章 设计与施工

第6章 景观塑造技巧

第7章 常见的绿植种类

凉亭选用防腐木，搭配成品桌椅，围栏高度为1900mm，由于庭院被划分为多个区域后，每个区域的面积不大，因此围栏不宜设计过高

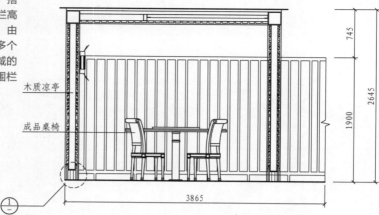

木质凉亭

成品桌椅

745

2645

1900

3865

↑ **01 立面图（一）**

铁艺围栏

1900

②

↑ **01 立面图（二）**

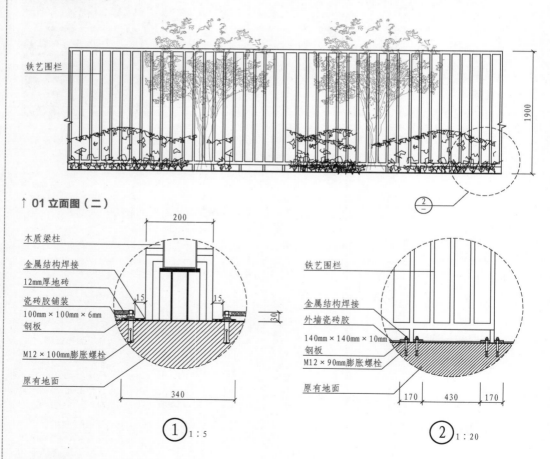

木质梁柱

金属结构焊接

12mm厚地砖

瓷砖胶铺装

100mm×100mm×6mm
钢板

M12×100mm膨胀螺栓

原有地面

200

15   15

30

340

① 1：5

铁艺围栏

金属结构焊接

外墙瓷砖胶

140mm×140mm×10mm
钢板

M12×90mm膨胀螺栓

原有地面

170   430   170

② 1：20

↑ **构造详图**

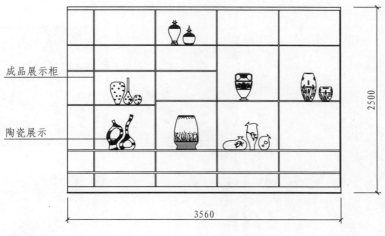

成品展示柜

陶瓷展示

2500

3560

↑ 02 立面图

根据需要设计展示柜，用于展示户外花卉、盆栽、陶艺等装饰品，不设计开门，隔板的间距应当较宽，以便可用于多种物品展示

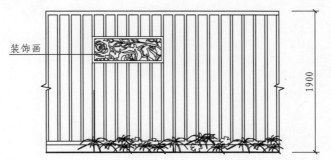

装饰画

1900

↑ 03 立面图（一）

在围栏中设计装饰匾，是填充围栏上的视觉设计元素，同时也是强化围栏结构的重要方式

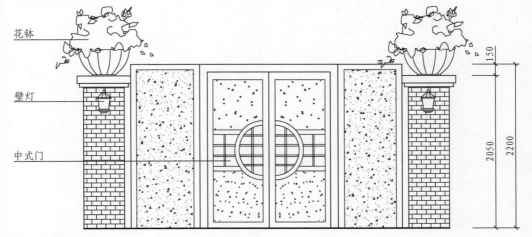

花钵

壁灯

中式门

150

2050

2200

↑ 03 立面图（二）

第1章　阳台绿化设计

第2章　露台绿化设计

第3章　小庭院绿化设计

第4章　打造风格小庭院

第5章　设计与施工

第6章　景观塑造技巧

第7章　常见的绿植种类

3.5.2　中式古典风格小庭院设计

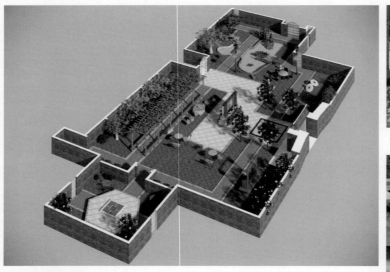

↑水景局部

↑背景墙局部

↑小庭院全景图

面积较开阔的庭院，庭院门与建筑大门形成贯通布局，在中央设计装饰景墙，形成阻隔，行走道路呈环绕形，设计穿廊、水池、高低树木、休闲桌椅等一系列元素，但应避免将庭院填塞过满，力求符合现代生活起居习惯，在精简布局的同时，适时运用中国古典园林的设计手法

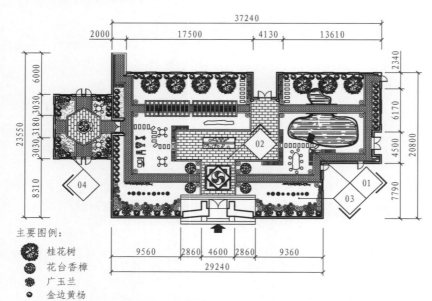

主要图例：
- 桂花树
- 花台香樟
- 广玉兰
- 金边黄杨

▨ 600mm×300mm芝麻灰花岗石　　▨ 240mm×120mm煤矸石砖　　▨ 喷泉叠水池
▨ 800mm×400mm芝麻灰花岗石　　▨ 鹅卵石　　▨ 鹅卵石

←平面布置图

图中设计布局对正感强烈，其运用横平竖直的道路将庭院周边建筑开门串联起来，其中还设计有步石以提高交通的便捷性。左侧小庭院设计为完全的对称形态，将建筑空间的交互性能发挥至极

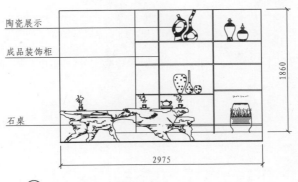

陶瓷展示

成品装饰柜

石桌

1860

2975

↑ 01 立面图

展示柜与装饰背景墙是庭院的视觉中心，采用大量木质装饰板材制作，体现出庭院的设计风格与主题。背景墙基础采取砌筑结构，外部铺贴天然大理石，石料与木料相结合，形成质地对比

第1章 阳台绿化设计

第2章 露台绿化设计

第3章 小庭院绿化设计

第4章 打造风格小庭院

第5章 设计与施工

第6章 景观塑造技巧

第7章 常见的绿植种类

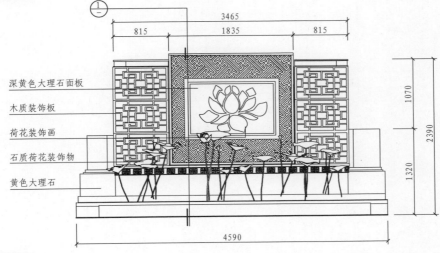

1

3465

815 1835 815

深黄色大理石面板

木质装饰板

荷花装饰画

石质荷花装饰物

黄色大理石

1070

2390

1320

4590

↑ 02 立面图

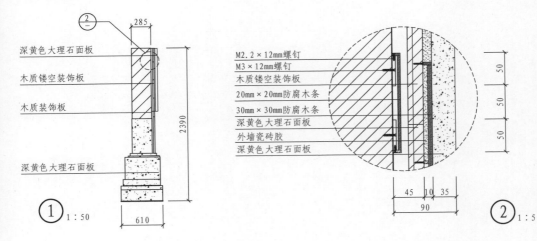

2

285

深黄色大理石面板

木质镂空装饰板

木质装饰板

深黄色大理石面板

2390

1

1:50

610

M2.2×12mm螺钉
M3×12mm螺钉
木质镂空装饰板
20mm×20mm防腐木条
30mm×30mm防腐木条
深黄色大理石面板
外墙瓷砖胶
深黄色大理石面板

50

50

50

45 10 35

90

2

1:5

↑ 构造详图

周边围墙面积较大，可以开设圆形景窗，采用向窗外"借景"的设计手法。虽然壁泉具有欧式风格，但是从庭院整体风格上看，壁泉中的细节元素仍为中式古典风格，如狮子头喷泉口、陶制水坛等，再次强调了风格的独特性与专一性

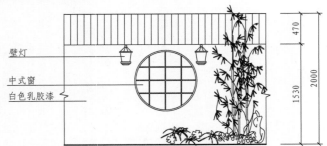

壁灯
中式窗
白色乳胶漆

↑ **03 立面图**

成品砂岩狮子喷头
墙面砖

↑ **04 立面图**

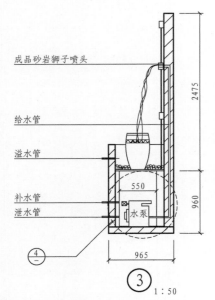

成品砂岩狮子喷头

给水管

溢水管

补水管
泄水管

水泵

550

965

③ 1：50

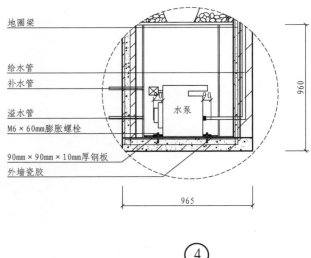

地圈梁

给水管
补水管

溢水管

M6×60mm膨胀螺栓

90mm×90mm×10mm厚钢板
外墙瓷胶

水泵

965

④ 1：25

↑ **构造详图**

第4章
打造风格小庭院

识读难度：★★★★☆

重点概念：风格定位、造景手法、设计元素、布局形式

章节导读：

　　庭院的设计风格众多，如何在这些风格中选择其中一种，打造适合的庭院风格，就需要了解每一种风格带来的居住体验。常见的风格有中式、日式、美式、欧式、田园、地中海、东南亚与混搭风格等，不同的风格各有特色，如中式突出古典，法式表现浪漫，混搭彰显个性，如何选择庭院设计风格，需要根据生活需求、喜好等多个方面进行综合考量。

4.1　优雅精致的中式风格

　　一直以来，受古代文人画的直接影响，中式古典庭院更重视诗画情趣与意境创造，讲究含蓄蕴藉，其审美多倾向于清新高雅的格调。

↑**诗情画意的中式庭院设计**

庭院景观依地势而建，注重文化积淀，讲究气质与韵味，强调点、线、面的精巧，追求诗情画意与清幽质朴的自然景观，有浓郁的古典水墨山水画意境

4.1.1　从布局上体现风格

　　中式古典风格的庭院多以江南水乡园林布局为参照，在平面规划上追求分区多样、内容丰富、寓意深刻等特点。无论庭院面积大小如何，都会被山石、水景、构造、绿化这四大庭院要素分为多个主题区。如常见的山石布景、林荫小道、水榭亭台、游园穿廊等。

　　在平面局部上，讲究欲扬先抑、主体多样、有起有伏的设计形式，假山石组合布景是必不可少的庭院构成部分。如山石水景体量可以缩小，布置在墙角处，观赏者虽然不能穿行其中，但是能隔岸观鱼。

　　水榭亭台造价较高，可以采用其他的设计方式，如在水池旁拓展一块平地，用砖土垫高后铺设仿古砖，摆放户外桌椅家具，也能起到观赏远处风景的效果。

←绿植＋水景布局设计

中式古典风格庭院的布局规划只要形式基本符合，就能体现原汁原味的传统风韵。绿植＋亭阁＋水景＋假石设计，营造出幽静、古朴自然的庭院气质

←绿植＋山石布局设计

山石光怪陆离，能塑造出磅礴的气势，与绿植搭配适宜，能够营造出浑然天成的中式庭院景观

←绿植＋水景＋栈道布局设计

仿古墙具有古典气息，红木材质的栈道设计，无形中增添了中式设计元素，加上水景的衬托，营造出富有中式庭院的意境

第1章　阳台绿化设计

第2章　露台绿化设计

第3章　小庭院绿化设计

第4章　打造风格小庭院

第5章　设计与施工

第6章　景观塑造技巧

第7章　常见的绿植种类

4.1.2　利用配饰打造中式意境

中式古典建筑多以木材为主要材料，通过充分发挥木材的物理性能，创造出独特的木结构或穿斗式结构，讲究构架制式原则。受这种形式影响，庭院中的陈设、构件大多也采用木质材料，如木质隔断、围栏、雨篷等。

大型配饰可以选用混凝土，如大型围墙、亭台；小型配饰可以采用石质材料，如椅凳、花盆、台阶、桥梁等。

→亭台设计

石材与木质结构的亭台设计，将中式古典与现代时尚相结合，是传统与现代的融合设计。木质的桌椅韵味十足，富有古典气息，雕花宫灯设计将中式庭院风格推向新高度，打造出古典与现代并存，优雅与精致的庭院风格设计

↑ 木质隔断设计

↑ 木质围墙设计　　　　　　　　↑ 创意摆件设计

4.1.3　运用家具图案展现风格

　　在设计庭院时，想要在其中快速融入中式古典风格，可以适当选用中式家具与古典装饰的图案。在现代庭院空间中布置中式家具、构造，能给环境增添不少稳重感，衬托出意境悠远的中式风格氛围。

　　对于高端别墅庭院，在中式古典风格的塑造上可以以某种地域特色为核心，或更加注重强调工艺的精湛程度。尤其在庭院面积充足的情况下，可以增添山石水景，注入更多人文精神。

　　在庭院空间布局上讲究层次，多用隔窗、屏风来分割，做出结实的实木框架，以固定支架，中间用棂子雕花，做成古朴的图案。门窗形式对突显中式古典风格很重要，一般采用的中式门窗是由棂子做成方格或其他中式的传统图案，用实木雕刻成各式题材造型，打磨光滑，富有立体感。

第1章　阳台绿化设计

第2章　露台绿化设计

第3章　小庭院绿化设计

第4章　打造风格小庭院

第5章　设计与施工

第6章　景观塑造技巧

第7章　常见的绿植种类

←水车

石鼓凳作为典型的中式家具之一，象征性很强。将石鼓凳放置在户外空间中，凳子上的雕花纹路活灵活现，图案精美，能够接受风雨洗礼。同时，石材与绿植搭配十分和谐，打造出了怡人的自然景观

↑官椅

↑石鼓凳

4.2 禅意十足的日式风格

日式风格庭院受中国文化的影响很深，经过多年发展，形成独有的自然式山水庭院，细节处理是最能体现日式风格的地方。日式庭院所展现出的平和、安静、隐忍的意境，会令人感受到心灵安宁。

4.2.1 枯山水庭院

枯山水字面上的意思为"干枯的景观"或"干枯的山与水"，是日本园林的一种。一般是指用细沙碎石铺地，再加上一些叠放有致的石组所构成的微缩式园林景观，偶尔也包含苔藓、草坪或其他自然元素。

↑ 枯山水中无山石有绿地　　↑ 枯山水中无山石无绿地

禅宗庭院内，树木、岩石、天空、土地等常常是寥寥数笔即蕴涵着极深寓意，在修行者眼里它们就是海洋、山脉、岛屿、瀑布，一沙一世界，这样的园林无异于一种精神园林

→ **枯山水中有山石＋绿地**

庭院内基本上不使用任何观花植物、灌木、小乔、岛屿甚至水体等要素均未设置，仅留下岩石、天空与土地等，运用极其简单的材料创造意境不凡的庭院景观

4.2.2　茶道庭院

日本僧人有饮茶习俗，并形成了自己的茶道，日本庭院也被茶道始祖提炼成为茶道庭院。茶道仪式形式繁多，庭院中设有茶亭，其布置不能简单随意，每件物品都有其特定用意。

↑ **茶道庭院设计**
茶道庭院设计强调表现一种内心洗尽铅华的枯淡和坚强的意境，寻求内心和精神上的安宁。在庭院中放上一副茶台，便可以营造出寂静和顿悟的气氛

茶道庭院中道路旁设有石质洗手盆，一般放置在庭院中较隐蔽处，用于净体或漱口仪式。石制洗手盆有两种类型，一种为低矮的蹲式洗手盆，屈身前倾才能洗手，表现出谦卑感，现在也被简化成铺装石材的地面；另一种为 1m 高左右的立式洗手盆，多设置在走廊、游廊或外廊，但是一般都使用较矮的蹲盆。

↑ **蹲式洗手盆**
洗手时需要蹲踞在洗手盆前，表现出谦卑、尊敬的礼仪，一次只能一人洗手

↑ **立式洗手盆**
站立式的洗手方式，设置在人多的走廊处，可以多人同时洗手

第1章　阳台绿化设计

第2章　露台绿化设计

第3章　小庭院绿化设计

第4章　打造风格小庭院

第5章　设计与施工

第6章　景观塑造技巧

第7章　常见的绿植种类

1. 石钵

用于庭院配饰的钵为石制品，一般由花岗石经过雕刻而成，也有原石天然造型，根据庭院整体面貌选定。

2. 石灯笼

石灯笼在茶道庭院中的主要功能是照明或装饰，其主要材料有铁、铜、木、石等，但通常以石制灯笼为主。在庭院中欣赏石灯笼，会令人感到其洋溢着的古朴美。

3. 惊鹿

惊鹿又称添水、惊鸟器，是采用竹筒制成的盛水装置。根据杠杆原理，利用储存到一定量的流水时竹筒发生摇摆，从而敲击石头发出声音，用来惊扰落入庭院的鸟雀。

↑石钵

↑石灯笼

↑惊鹿

4. 架空木平台

由于日本是岛国，地势不平整，大多数建筑均为架空设计，其木平台一般都设置在建筑外部，采用防腐木制作。

←**架空设计**

架空平台设计能够解决地势不平的问题，同时能够将室内外空间进行有效分隔，架空台作为室外木平台设计，能够提供休憩空间，放上茶台就是室外茶室

5. 隔断

在茶道庭院中，也存在各种隔断或围护物所限定的小型室外空间。最典型的是植物围篱，围篱形状多变，由竹节、树皮、编制条、灌木杆及树枝等制成。在茶道庭园中，竹材的运用极为广泛，有竹篱笆、竹围、竹帘、竹制流水筒等。

↑ **木质牌坊设计**

木质隔断与大门入口处种植的苔藓植物相搭配，表明庭院是与世隔绝的私人空间

↑ **竹制篱笆隔断**

现在的竹篱笆多为装饰功能，仅表现出日式庭院的风格特色

第1章 阳台绿化设计

第2章 露台绿化设计

第3章 小庭院绿化设计

第4章 打造风格小庭院

第5章 设计与施工

第6章 景观塑造技巧

第7章 常见的绿植种类

4.2.3　回游式庭院

回游式庭院一般规模较大，其面积可达 3 ~ 4 公顷，严格意义上称为公园，但是其中的布景元素特别丰富，在现代庭院设计中具有借鉴价值。

其大部分面积由较大水面构成，将驳岸、岛屿设计成不规则状且弯曲自由，踏步石变化较大，有意促使人们将观赏速度放慢，引导人们欣赏庭院景观，以增添休闲的趣味。

→回游式庭院设计

回游式庭院一般规模较大，以形成一个完整的路径。在路径的周围设景，引导人们观景庭院景观。景观的设计元素十分丰富，如山、路、岛屿、水池、溪、桥、石灯笼、石水钵、竹篱笆等

1. 借景与漏景

回游式庭院包含了日式风格庭院中所有的设计要素，如竹篱笆、山、园路、岛屿、景墙、水池、溪、桥、石灯笼、石水钵等，主要造园手法借鉴中国传统庭院手法，常用"借景""漏景"来进行空间布局。

↑借景

回廊窗洞向廊外"借景"，从室内也能欣赏到庭院中的景色

↑漏景

从打开的大门处"捡漏"，偶尔可见院外的景色

2. 绿植配置

回游式庭院以常绿植物为主，如槭树、五针松、罗汉松、日本铁杉、常绿杜鹃等。常绿植物不仅可以保持园林的景观风貌，也可为色彩浅亮的观花或观叶植物提供绿色背景，使园林色彩更为丰富。

←绿植配置设计

回游式庭院将庭院的观赏性景观与具有静谧自然的乡土气息的风景融为一体，表现出植物形体的高雅、沉静，以及植物色彩的生动多姿以显示天然野趣

在现代庭院中也可以运用回游式庭院的设计方法，将水池面积减小或变窄，适当增添石灯笼、石水钵、竹篱笆等配饰，根据当地气候种植小型乔木、灌木，很容易就形成独特的日式风格。

↑ 日式石盆滴水

↑ 日式真水景

↑ 日式枯水景

在庭院水池中圈养锦鲤，放置石水钵、石灯笼、山石、绿植，以此来减少池水面积，营造日式氛围

第1章 阳台绿化设计

第2章 露台绿化设计

第3章 小庭院绿化设计

第4章 打造风格小庭院

第5章 设计与施工

第6章 景观塑造技巧

第7章 常见的绿植种类

4.3 质朴自然的田园风格

4.3.1 法式田园风格

　　法式田园风格主要表现法国南部乡村与西班牙等南欧国家的田园风情，在设计上讲求心灵的自然回归感，给人一种扑面而来的浓郁田园气息，将很多精细的后期配饰融入庭院设计中，充分体现安逸、舒适的生活氛围。

→法式田园风格庭院

自由生长的绿植、花卉是庭院的主体，庭院的色彩比较浓厚，多为南欧风情

　　绿化植物可适当选用亚热带或热带的阔叶植物，其具有良好的遮阴效果。地面可以铺设防腐木地板，墙面可以根据实际条件制作壁泉或跌水景观，或在墙面上挂置花盆、花篮，配置色彩丰富的鲜花。

↑必要的雕塑装置

采用绿化植物将庭院完全包围起来，另外墙面本身自带雕塑装饰

↑不可或缺的长春花

大片绿植带来清新的气息，点缀色彩艳丽的粉色长春花，风格细腻、娇艳

4.3.2 英式田园风格

英式庭院中，不论小径还是花坛，多以曲线形态呈现，再植栽一大片的开花植物，或错落地混合散植成丛。庭院景观看起来十分自然，没有刻意的痕迹，这是英式庭院的主要特点。

↑ **英式庭院设计**

庭院中有大树、草皮、多层次植物的组合，将花草树木以最自然的方式表现，随风飘扬的树枝和摇曳的花朵别别墅庭院穿上了青春的外衣，绿绿的草坪上呈现出旖旎风光

英式庭院因为讲究自然风格，在园艺材料上，也多偏向自然、不复杂的材质。英式庭院里除了树木、草坪外，最常见的就是各式多年生的开花植物，如玫瑰、绣球、天竺葵、虞美人等。

↑ **草坪是设计重点**

绿化植物以低矮的灌木为主，修剪出几何的造型，与庭院内其他绿植搭配

↑ **周边的低矮灌木与白色围墙对比**

户外家具多以奶白、象牙白等白色系为主，户外家具多采用高档的桦木、楸木等制作框架，通过金属螺栓固定节点

第1章 阳台绿化设计

第2章 露台绿化设计

第3章 小庭院绿化设计

第4章 打造风格小庭院

第5章 设计与施工

第6章 景观塑造技巧

第7章 常见的绿植种类

4.3.3　美式田园风格

　　美式庭院的面积一般较大，常采用防腐木铺设道路，再在其周围撒些石子，这样看起来不仅大气，也节约木材。防腐木在岁月的打磨下还能呈现出不同的质感与状态，一年四季都能给人带来不同的惊喜。

　　美式田园风格庭院的塑造中心在于宽大的餐桌，大多采用砖、石等铺装材料覆盖，可以选用木质栅栏、地板，庭院中拥有活动区与户外停车位。

↑ 美式庭院中的雕塑

↑ 美式庭院中的标牌

↑ 美式庭院一角

设计中选择具有设计感、品质感的家具、小景观，与随意种植的绿植形成丰富的景观。为了方便家庭成员之间的交流，庭院中摆放了宽大的桌椅，方便日常聚会

　　庭院绿化多以平整的草坪为主，周边围栏较低矮，少有灌木，追求通透的视野。美式田园风格的家具通常简化装饰线条，主要材料为实木、手工纺织物、自然裁切的石材等。

↑ 宽大的桌椅

庭院是室内延伸的一部分，摆放柔软的沙发椅，是休闲、娱乐的好选择

↑ 绿植配置

洋水仙是美式田园风格庭院的必备植物

4.4 清新浪漫的地中海风格

　　地中海风格庭院特色就在于拥有纯美的色彩，这对我国现代城市庭院具有很大的吸引力。如西班牙蔚蓝色海岸与白色沙滩，希腊碧海蓝天下的白色村庄，南意大利的金黄色向日葵田园，法国南部蓝紫色薰衣草、北非沙漠岩石的红褐色与土黄色组合。

第1章 阳台绿化设计

第2章 露台绿化设计

第3章 小庭院绿化设计

第4章 打造风格小庭院

第5章 设计与施工

第6章 景观塑造技巧

第7章 常见的绿植种类

←**地中海风格庭院设计**

拱形构造可以贯穿庭院内外、墙面转角、门窗洞口、游泳池边缘、花台基础等都可以赋予拱形构造，所有构造也可以因此变得非常小，以满足现代小资生活情调

4.4.1 色彩组合设计

　　在白墙上随意地涂抹修整就能形成特殊的肌理效果，与天空形成蓝白组合。庭院家具尽量采用低纯度、线条简单且修边浑圆的木质产品，以黄色、蓝紫色与绿色为主。地面则铺装红色无釉陶砖或具有天然石材色泽的仿古砖，常选用土黄色与红褐色。

↑浅米色与深棕色组合

↑浅棕色基调

↑浅米色与蓝色组合

由于光照充足，所有颜色的饱和度很高，能体现出色彩最绚烂的一面，具有很强的装饰效果

4.4.2　绿植配置技巧

　　爬藤类植物是地中海庭院中十分常见的植物，小巧可爱的绿色盆栽也经常使用，其流露出古老的文明气息。在花丛间添置老树桩、竹筒、石头、锈铁罐等配件，给庭院带来历史人文韵味。

　　独特的锻打铁艺家具，实用的藤制桌椅、吊篮等，也是地中海风格独特的装饰物件，表现出地中海风格悠闲自在的生活方式。

↑ 绿植突出庭院风格

地中海风格在选择绿植时，以仙人掌、多肉植物、棕榈树和针叶类植物为主，以一些木材、藤条作为点缀设计，能够起到良好的衬托作用

↑ 庭院景观配置设计

拱形窗洞突显风格特色，外墙绿化中配置红色观花植物

↑ 绿化植物点状布置

蓝色马赛克铺装的喷泉池是风格塑造的重点

4.5 神秘变幻的东南亚风格

东南亚风格庭院的布局集中式古典风格与欧式古典风格为一体，带有游泳池、观赏水景、装饰墙、休息平台、凉亭等多种元素。细节上以中式古典风格为主，但是整体布局讲究规整，受现代主义风格影响，显得比较端正。

←东南亚风格庭院

道路两侧安排游泳池与观赏水景，将观赏水景与装饰墙相结合，增添各种壁泉、喷泉、跌水等造型，具有很强的民族风情

4.5.1 庭院绿化布局设计

庭院大门面向南面，四周有围墙，高度适中，庭院道路直达入户大门，方便行走。建筑背后一般种植形体高大的热带树木，能用于遮阴，同时也能衬托建筑。

↑热带绿植设计

高大的棕榈树作为庭院绿化的焦点设计，是东南亚风格庭院的代表性设计

↑藤架结构设计

藤架结构的凉亭设计，能够遮风、抵挡阳光，还是藤蔓类植物生长的好地方

第1章 阳台绿化设计

第2章 露台绿化设计

第3章 小庭院绿化设计

第4章 打造风格小庭院

第5章 设计与施工

第6章 景观塑造技巧

第7章 常见的绿植种类

4.5.2　利用家具突显庭院氛围

东南亚风格庭院广泛地运用木材与其他天然原材料，以水草、海藻、麻绳等粗糙、原始的纯天然材质为主，带有热带丛林的气息。这些材料在色泽上保持自然材质的原色调，大多为褐色等深色系，在视觉上给人以质朴的感受。

→**藤制家具 + 绿植设计**

热带观花植物品种多，叶型较大，花朵艳丽，再搭配天然材质制作的家具，体现出静谧、雅致的庭院氛围

庭院家具、构造的制作材料不拘一格，如印度藤，风信子、海藻等水草，以及泰国的木皮等，这些天然材质都散发着浓烈的自然气息，具有泥土的质朴之感。东南亚风格庭院的家具与构造显得平和且亲近，材质多为柚木，呈咖啡色，光亮感强，做旧工艺多。

→**青铜家具 + 绿植设计**

青铜材质的沙发，结构简单、结实耐用，视觉上也十分大气。丝兰，属于热带植物，习性强健，易成活，景观效果较好

4.5.3 常用造景元素

东南亚庭院除了用大量植物来造景外，还常常会将石制品、陶艺品布置其中。东南亚地区手工业非常发达，如陶土盆钵、陶制蜥蜴、青蛙等随处可见。此外石雕、发呆亭也是庭院中常见的造景元素。

1. 石雕

东南亚地区采用的石雕多具有宗教风格，其常表现代表为各种神话故事等的图像。灯、墙饰等石雕，也常用于庭院景观的配置中，其材质除了石头外，多用砂岩粉、贝壳粉与黏结剂混合后加压成型。

2. 发呆亭

发呆亭常用干燥的茅草和棕榈叶铺设而成，凉亭的设计既可以遮阳、挡雨、也是东南亚庭院中不可缺少的装饰元素，是体现人文风情、悠闲舒适的生活意象。

←人像石雕

东南亚风格的石雕具有当地的人文特征，从细节上打造出休闲别致的庭院风光

←发呆亭

在东南亚风格景观中，比较常见的一些茅草蓬屋或原木的小亭台，大都为了休闲、发呆、纳凉所用，既美观又实用，建造十分简单，制作成本低，运用在庭院中再合适不过了

第1章 阳台绿化设计
第2章 露台绿化设计
第3章 小庭院绿化设计
第4章 打造风格小庭院
第5章 设计与施工
第6章 景观塑造技巧
第7章 常见的绿植种类

4.6　个性十足的混搭风格

4.6.1　混搭风格不是乱搭

　　混搭风格并不是"乱搭配"，而是将一些具有不同风格、质地、文化背景的元素进行多样化组合，以求在一个空间中展示出多样化的设计，形成有个性的庭院风格。虽然是多种元素共存，但不代表乱搭一气，混搭成功的关键在于确定一个主要的"基调"，以一种风格为主线，其他风格作点缀，分出轻重缓急，有主有次地进行搭配。

→简易桌椅与碎石地面混搭

混搭看似漫不经心，实则出其不意，将多种元素运用在同一空间中，各有千秋

↑现代风座椅与复古地板混搭

防腐木地板搭配多肉植物，田园氛围浓郁，现代风格的躺椅与波西米亚风格的地毯的出现竟然毫无违和感，显得十分清新自然

↑工业风壁炉与古典地毯混搭

红色可移动式壁炉设计，十分实用，木质餐桌采用金属支架作为支撑，与一旁的白色椅子风格相呼应

4.6.2 混搭庭院的层次感

混搭风格庭院在设计上非常讲究视觉的层次感，不论是家具的摆设位置，还是各种装饰物件，混搭风格都着重强调其呈现出的层次感。因此，混搭风格尽管融入了多种风格的元素，但是在视觉上依然美而不凌乱，层次丰富而又充满艺术气息。

←层次丰富的庭院设计

层层围合在视觉上易形成焦点，采用定制的花坛设计，将休闲桌椅包围在中间，最外层为竹篱笆设计，将休闲空间包裹在中间，私密性极高

↑下沉式庭院

下沉式庭院形成高低差，通过造景可以缓解这种在视觉上的高差感，而这种隐于内的庭院含而不露，别有一番韵味，同时通过高低层次的打造，视觉感更丰富，实用性强

↑绿植层次感设计

庭院造型设计为日式风格，搭配具有中国风特色的中国红壁炉，显得十分高级。再加上热带的仙人掌科的植物以及高大的棕榈树，提升了整个空间的层次感

第1章 阳台绿化设计

第2章 露台绿化设计

第3章 小庭院绿化设计

第4章 打造风格小庭院

第5章 设计与施工

第6章 景观塑造技巧

第7章 常见的绿植种类

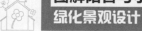

4.6.3　混搭设计的自主性

混搭风格是一种彰显设计者个性的装修手段，可以不受任何拘束，按照业主的喜好进行设计，最终呈现出理想的庭院设计。

→和谐统一的美感设计

混搭风格在装饰的形态、色彩、质感上都没有任何约束。在装修材质的搭配上，更是极其的自由，金属、玻璃、瓷、木质等的材质都可以融合到同一个空间

形散而神不散的庭院，表面上看起来各种风格统一在同一空间，欧式的罗马柱、地中海风格的拱门、中式的庭院灯与个性化的地砖等，共同组成了混搭设计，所有的聚合都是为了营造出一个主题明确的庭院风格。

↑突出重点设计

在混搭设计中，装饰不讲求多，而是能够起到画龙点睛的作用

↑形散神聚设计

成为视觉焦点的地面铺装，与起到良好散落装饰效果的多处绿植，彼此间相互呼应，展现出一种形散而神聚的设计

4.7 极简自然的北欧风格

4.7.1 追求宁静的简约设计

北欧风格庭院设计现代简约，强调生活简单化，注重营造天然、质朴、宁静的庭院氛围，让人倍感舒适。在庭院设计中，摒弃了复杂、过度装饰的工艺，完全不使用雕花、纹饰的北欧家具，采用简洁、朴素、有质感的家具来替代，绿植的种类丰富，贴近自然。

←原木＋绿植设计

采用未经雕刻的原木，在北欧风格中十分常见，只用简单的线条加以区分，绿植作为庭院的核心设计，一般选用两三种就能打造出清新脱俗的庭院风格，这种形式在小庭院中十分受用

←铁艺＋绿植设计

靠墙栽种的绿植透出一股自在感，没有刻意的痕迹
铁艺造型的家具，坚固耐用，能够经受风吹雨打。桌椅为几何造型，十分简洁

第1章 阳台绿化设计
第2章 露台绿化设计
第3章 小庭院绿化设计
第4章 打造风格小庭院
第5章 设计与施工
第6章 景观塑造技巧
第7章 常见的绿植种类

4.7.2　适当运用黑白灰设计元素

　　黑白灰属于"万能色"，同任何色彩都能搭配出很好的视觉感，还能起到良好的点缀作用。

↑日间庭院光影对比

白色作为墙面、家具的主色调，将重点放在绿植设计上，才不会抢夺庭院主题设计的光芒，白色能够衬托出绿植简单、纯洁的一面，看起来生机勃勃

↑日间庭院明暗对比

白色墙面与黑色花盆形成对比，深色木纹家具与白色座椅形成对比，鲜亮的绿色植物与灰暗的围栏形成对比，各个层次均能呈现出明暗对比关系

↑夜间庭院风光

与白色相比较，黑色看起来深沉、稳重，展现出庭院设计上的尽善尽美。采用攀附式绿植设计，形成一整面墙的景观，满足了人们亲近大自然的需求

4.7.3 纯手工打造的自然风光

北欧风格的庭院中，处处透露着人工打造的痕迹，这是由于人们推崇传统手工工艺，在庭院中，小到一个器皿，大到一个亭台，都显得十分质朴自然，营造出一种天人合一的自然氛围。

第1章 阳台绿化设计

第2章 露台绿化设计

第3章 小庭院绿化设计

第4章 打造风格小庭院

第5章 设计与施工

第6章 景观塑造技巧

第7章 常见的绿植种类

←**自然纯朴的庭院设计**

地面保留最原始的状态，种植耐旱类型的绿植，通过手工种植，打造出清新素雅、简洁低调的庭院空间，是一种崇尚自然之美的设计风格

←**绿意十足的庭院设计**

手工编制的绿植器皿，质感十足，与棉麻质地的休闲沙发搭配和谐，层层包裹的绿植，将庭院打造成生机盎然的景象，十分吸睛

←**变废为宝的庭院设计**

用闲置的空桶作为种植容器，将废弃的木头切割成木墩，将其组成休闲空间，不经意间的搭配竟有着浑然天成的效果，让人印象深刻，也能体会到自己动手的乐趣

补充要点

利用绿植营造北欧风格

　　北欧风格的绿植带有热带风情，能够很好地烘托庭院氛围，打造别致的庭院设计。具有北欧风情的绿植主要有以下类型，在设计中加以应用，会有意想不到的效果。

↓北欧风格的绿植

琴叶榕	仙人掌	橄榄树	旅人蕉
尤加利	竹芋	珍珠吊兰	鹤望兰
雪铁芋	龟背竹	橡皮树	散尾竹
虎皮兰	千年木	春羽	巴西木

第5章
设计与施工

识读难度：★★★★★
重点概念：图样设计、施工流程、材料的选择、
　　　　　配植的技巧、DIY 手工制作

章节导读：

　　庭院设计包括对墙地面材料、隔断造型、种植形式等方面的设计，施工主要是地面工程、墙面工程、水电工程、构造工程这四大类。由于施工工艺不同，最终呈现出不同的装饰效果，本章从设计与施工的角度出发，对庭院绿化的选材、设计、施工流程进行深度讲解。

5.1　设计方法与施工步骤

5.1.1　对功能区精准定位

通过对庭院的功能了解，对其进行精准定位，最终设计出的庭院一定是符合居住者习惯、爱好的设计，庭院各个功能都能均衡使用。

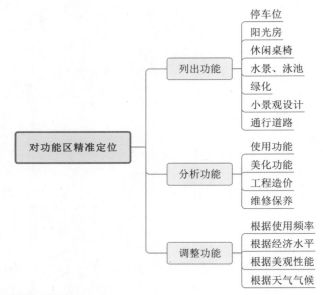

↑ **庭院功能定位示意图**

1. 列出功能

庭院的造景元素与使用功能关系密切，每项功能的占地面积大小不一，以填满整个庭院 70% 的面积为佳，适当的留白设计，为绿植生长、补充设计预留一定空间。

1）面积较小的庭院　可以进行绿化种植、通行道路的设计等，以实用功能为主。

2）面积稍大些的庭院　可以加入水池景观、停车位、休闲桌椅、阳光房等，将美观与实用功能相结合。

3）面积充裕的庭院　可以加入亭台、穿廊、喷泉、跌水、雕塑等，注重对人文景观的设计，营造舒适的居家氛围。

4）面积更大的庭院　可以加入草坪、枯山水、小广场、游泳池、球场、大型假山石等以享受为主的设计。

↑ 小面积庭院

由于庭院的面积较小，主要以绿化设计与道路设计为主，休闲空间则移到室内

↑ 中等面积庭院

庭院中聚集了绿植、水池景观、休闲桌椅等设计，满足了基本的景观与使用要求

→ 休闲亭

→ 餐桌椅

→ 小型喷泉

→ 休闲沙发

↑ 大面积庭院

→ 休闲亭

→ 草坪

→ 小型喷泉

→ 休闲沙发

↑ 超大面积庭院

第1章 阳台绿化设计

第2章 露台绿化设计

第3章 小庭院绿化设计

第4章 打造风格小庭院

第5章 设计与施工

第6章 景观塑造技巧

第7章 常见的绿植种类

2. 分析功能

分析功能的目的就在于进一步筛选、调整庭院的使用功能。这时，应对所列的各种元素、构造进行细致分析，主要分析庭院元素、构造的以下四个方面的内容。

↓分析庭院的功能

名称	内容	图例
美化亮点	美化亮点是庭院造景的首要功能，庭院的设计品质最终依靠美化亮点来烘托，如在庭院道路两侧对植灌木，在入户大门前对植乔木等，这些都能衬托出建筑的大气；清澈的跌水从墙壁上流下，水花与水柱在日光照射下能形成晶莹透彻的效果，让整个庭院景观更加出众	
使用频率	仔细分析元素、构造的使用频率，综合评估设计施工价值；有些功能虽然实用，但不是每天都会用到，相对于其巨大的占地面积而言，就显得有些得不偿失了。如家庭成员每天都忙于学习、工作、出差，很少有时间在庭院中晒太阳、游泳，可设计较多的茂盛的绿化带或平整光洁的草坪，会显得更舒适	
工程造价	工程造价是分析功能的核心，庭院造景位于户外，容易受自然气候影响，采用的材料价格也比较昂贵，在庭院中布置很多元素、构造会大幅度提升工程造价。庭院的工程造价是以不超过室内装修造价的50%，能控制在30%以内最好，过多的开销还不如投到使用频率更高的室内装修中	
维修保养	除了考虑其维修保养的成本外，更重要的是考虑其便捷性，在庭院中花费太多休闲时间，会显得得不偿失，失去了庭院设计的本意。整齐的灌木虽然好看，但是在春、夏两季需经常修剪，过度生长会占据庭院的有效使用面积	

3. 调整功能

经过综合分析后，关于庭院的功能作用设计者或业主心里已然明了，经过调整后的庭院功能要素还需要进一步细化。

调整功能的基本原则是对于投资成本低、使用频率高的元素、构造进行拓展，反之则缩减，最后适当增添能成为亮点的配饰即可。喜欢在户外用餐的家庭可以拓展休闲区，将其变为庭院餐厅。

庭院餐厅通常应靠近厨房、入户大门或窗洞，而且顶部应设有遮挡雨篷或屋檐，周边有封闭的围墙或密集的绿化，以形成安静的就餐环境。庭院餐厅临近的墙面上可以挂置装饰画、盆栽、壁灯等物件，以丰富庭院的美化亮点。

←拥有就餐功能的庭院

庭院就餐空间面积一般应大于或等于 6m²，用餐区里应能摆放 4 ~ 6 人的餐桌，并能配置必要的备餐台等家具。地面可以铺设光洁的木材或仿古砖，以方便清洗

庭院的使用功能随着社会的发展在不断变化，时下很流行的防腐木亭台造价较高，风吹日晒几年后，会存在不同程度的磨损，即使涂刷油漆也很难恢复往日的质地，可以考虑采用彩色铝合金或型钢制作阳光房或雨篷。

↑地面铺设木地板

庭院中木质品经过风吹雨打，磨损十分厉害，即使保养得当，依然会留下痕迹

↑玻璃阳光房设计

阳光玻璃房的使用功能没有改变，不会磨损变旧，而且价格也低很多

第1章 阳台绿化设计
第2章 露台绿化设计
第3章 小庭院绿化设计
第4章 打造风格小庭院
第5章 设计与施工
第6章 景观塑造技巧
第7章 常见的绿植种类

5.1.2　道路流线设计

　　道路是庭院中必备的设计元素，通过道路来引导划分各功能区，能满足人的日常行为习惯。无论面积大小，在庭院中，一般都会有两三种道路，其中一种是主道，另外一种或两种是次道。

　　主道一般连通庭院大门与入户大门，道路相对宽阔，流线简洁明了，铺装材料平整，是出入必经之路。

→流线型路径

庭院内的交通流线既应有序疏导，又需要富有一定变化，在视觉上形成美感

1. 直线道路

　　直线道路一般为连通庭院大门与入户大门之间的道路，宽度一般为 1 ~ 1.5m，以能保证两人迎面交错通行，或能搬运大件家具通行为宜。地面铺装平整的石材、砖材，道路两侧铺设鹅卵石，可种植灌木或铺设草坪。

→直线道路

如果庭院大门与入户大门之间距离较远，直线道路应适当加宽，宽度一般应小于或等于 2m。如果庭院大门与入户大门没有统一方向，或存在错位，那么直线道路就要做转折处理，通行时应尽量减少转折次数，或重新调整庭院大门的位置

2. 曲线道路

曲线道路具有丰富的变化，能使庭院设计风格显得更加别致。曲线道路一般有两种，一种是规则的曲线，即圆弧，适用于庭院大门与入户大门之间连接。另一种是不规则曲线，呈 S 形或任意曲线。

道路一般布设在草坪等绿化地面中，在行进过程中可以有高度变化，一般不作连续铺设，多采用天然石板或混凝土板铺装，板材长宽均大于等于300mm，两块板材之间应保持500 ~ 600mm 间距。

↑**曲线道路**

曲线道路通常设计比较简单，道路整体宽度一般小于等于 1m，更多空间会留给庭院中的绿化

↑**圆形道路**

圆形道路是规则的曲线，由防腐木和砖块搭配铺设

3. 自由道路

自由道路是指庭院中随意行走的道路，具体形式不受直、曲限定，甚至可以不铺装材料。最常见的自由道路即是在草坪上踩踏过的痕迹，随着通行习惯与步距不同，而形成不同的形态，或曲或直，或宽或窄。

为了提升道路的可见度与识别度，可以根据需要选择铺设的材料，如鹅卵石、小砂石、小块仿古砖等，也可以将草坪凿除露出泥土，用力夯实后形成通行道路。

↑**仿古砖＋鹅卵石**

通过位置变换铺装方向，达到变化与统一的设计感

↑**石砖板＋鹅卵石**

通过重复排列方式，让庭院看来整洁有序，整体感强烈

↑**不规则石块＋草坪**

←**自由道路**

不规则式的地砖铺装方式，间隙中透出草皮，具有创意

第1章 阳台绿化设计

第2章 露台绿化设计

第3章 小庭院绿化设计

第4章 打造风格小庭院

第5章 设计与施工

第6章 景观塑造技巧

第7章 常见的绿植种类

5.1.3　庭院设计实例

　　下面根据一处真实庭院进行测量并绘制出设计图，其后根据这项设计方案，将庭院中出现的各种施工构造列出，以此读者会具有更真实、更直观的认识。

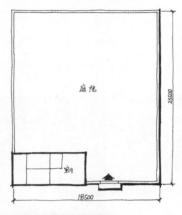

↑ **测量并绘制基础平面图**　　　　　　　　↑ **绘制设计草图**

设计草图根据个人能力绘制，运笔和线条没有太多讲究，保持横平竖直即可。在图中仔细绘制出庭院中的主要构造，如亭台、廊架、地台、地面铺装等，绘制出大小树木、草坪的位置与形态。可以用普通铅笔起稿，用书写用的中性笔描出轮廓

←**确定设计图稿**

如果条件允许，可以采用计算机绘图软件描绘一遍，这样图面效果更清晰，主要软件可以选用PhotoShop、CorelDRAW、CorelDRAW、AutoCAD 等。使用软件着色后效果、层次更加丰富

第1章 阳台绿化设计

第2章 露台绿化设计

第3章 小庭院绿化设计

第4章 打造风格小庭院

第5章 设计与施工

第6章 景观塑造技巧

第7章 常见的绿植种类

5.1.4 庭院施工构造

1. 测量庭院与草图绘制

下面根据一处真实庭院进行测量并绘制出设计图，将庭院中出现的各种施工构造列出。

2. 庭院设计图确认

通常设计师会针对业主的庭院空间需求，绘制设计图，与业主确认详细的设计方案，包括详细的空间分配，使用植栽的树材等。这是庭院设计最重要的环节之一。

←确认设计图纸

实地考察庭院，熟悉地形、土壤、气候；其次，根据业主的喜好、习惯进行平面布局；适当调整庭院的种植面积、休闲娱乐空间、路径设计，增加或减少绿植

3. 整理场地

无论是尚未使用的庭院场地，还是已经用过的庭院场地，通常都会有一些必须清理的杂物、植被之类，此时必须先清理干净庭院的地面环境，才能开始施工，且在清理杂物后应将地面整平。

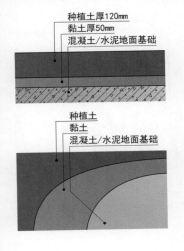

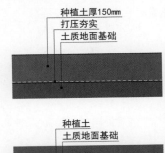

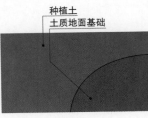

←整理场地构造示意图

左：阳台、露台地面基层为混凝土楼板，需要铺装黏土作为过渡层，种植土厚度不宜过大，否则会给楼板带来过大负荷，造成楼板损伤

右：原有庭院地面土层不能直接用于种植，必须覆盖种植土，如需在地面种植乔木、灌木，可无须打压夯实，或对无须种植乔、灌木的土层夯实

↓更需要设计并分配线路与空气开关，如无特殊用途，空气开关尽量选择小规格产品，以保障用电安全。电线必须穿管铺设，电路线管与其他管道应保持较远间距

4. 电路工程

通常庭院中都会有庭院灯、电动喷泉、灌溉设备、监控摄像头等，需要对这些设备的电源线进行设计、安放，并将电源插座、开关固定安放于某一部位。施工时必须按照设计的位置进行固定，铺设相关管线，这些工程应该在覆土前完成。

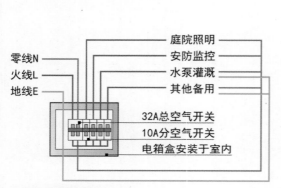

↑电路工程构造示意图

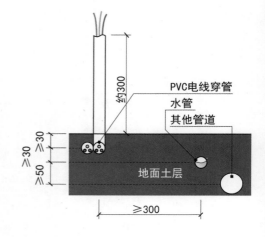

5. 水路工程

确认庭院的用水点，将管道从水源处布置至各用水点，如喷泉、灌溉等设备处，并安装三角阀，再由三角阀连接软管供给用水设备。排水孔应当设在最低点，保护防水层做一个泄水坡，也可顺势在高点做一个小土丘地形。制作排水孔，排水孔接 PVC 管，将水引到统一的排水管道中。

↓更需要设计并分配管道直径与阀门，每个用水设备上游均应安装三角阀。预留排水明沟，并安装地漏连接排水管，将地面水统一连通至雨水管道必须穿管铺设

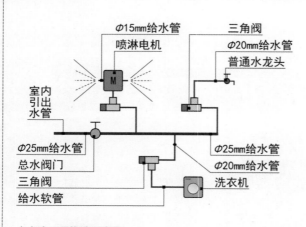

↑水路工程构造示意图

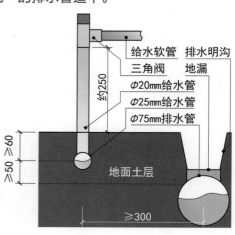

6. 铺装工程

所有土方施工、水电工程完成后，整个庭院的硬件施工项目也就完成了，接下来就开始铺装，根据设计需要对庭院铺装砖、石、木等材料。

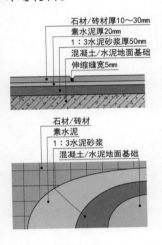
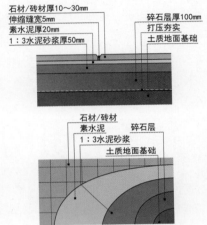

← 铺装工程构造示意图

左：基础为混凝土层的铺装构造

右：基础为土层的铺装构造

7. 栽种植物

确定庭院中绿植的位置，按照设计图进行绿植定位。先种植主景植物，再进行绿植配植，这样庭园花园中的主景就有了基调。再从主景向四周扩展，逐一栽种其他的中小景观，逐步构成庭院中的花木配置效果。

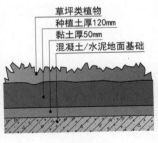
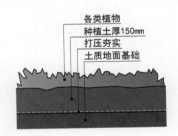
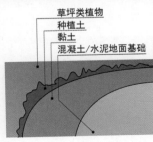
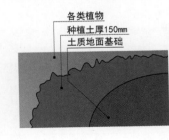

← 栽种植物构造示意图

左：基础为混凝土层的铺装构造，乔木、灌木用盆栽

右：基础为土层的铺装构造，乔木、灌木种植部位可以不需要打夯压实

第1章　阳台绿化设计

第2章　露台绿化设计

第3章　小庭院绿化设计

第4章　打造风格小庭院

第5章　设计与施工

第6章　景观塑造技巧

第7章　常见的绿植种类

5.2 选择合适的地面材质

5.2.1 花岗石的色彩选择

花岗石又称为岩浆岩或火成岩，具有良好的硬度，抗压强度好，耐磨性好，耐久性高，抗冻、耐酸、耐腐蚀，不易风化，表面平整光滑，棱角整齐，色泽持续力强且色泽稳重、大方。花岗石的一般使用年限约数十年至数百年，是一种较高档的庭院装饰材料。

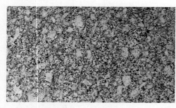

↑ **粗晶花岗石**

粗晶花岗石适用于地面点缀，能够起到不错的装饰效果

↑ **细晶花岗石**

细晶花岗石质量高、价格贵、质地密集，适用于地面边角装饰

1. 表面形态

花岗石按晶体颗粒大小可分为细晶、中晶、粗晶及斑状等多种，其中细晶花岗石中的颗粒十分细小，目测粒径均小于 2mm，中晶花岗石的颗粒粒径为 2 ～ 8mm，粗晶花岗石的颗粒粒径大于 8mm，至于斑状花岗石中的颗粒粒径就不定了，大小对比强烈。

2. 纹理色彩

花岗石按颜色、花纹、光泽、结构、材质等因素分不同等级，其中颜色与光泽根据其含有的长石、云母及暗色矿物质成分多少而定，通常呈现灰色、黄色、深红色等。世界上很多国家都出产花岗石，其名称也很多，不同地域出产的花岗石名称不同，如玉麒麟（越南）、德州红（美国）、桃木石（瑞典）、洞石（意大利）、蓝珍珠（挪威）等。

↓ 花岗石的纹理色彩

冰花蓝花岗石	红色花岗石	绿色花岗石

3. 表面加工

在庭院中，花岗石的应用繁多，为了满足不同的应用部位需求，花岗石表面通常被加工成剁斧板、机刨板、磨光板、粗磨板等样式。

↓ 花岗石的种类

名称	内容	图例
剁斧板	是指花岗石表面经过手工剁斧加工，表面粗糙且凹凸不平，呈有规则的条状斧纹，表面质感粗犷，用于地面防滑、分隔、构造等	
机刨板	是指花岗石表面被机械刨得较为平整，有相互平行的刨切纹，用于与剁斧板材类似的场合，但是机刨板石材表面的凹凸没有剁斧板深	
磨光板	花岗石表面经磨细加工和抛光，表面光亮，且其晶体纹理清晰，颜色绚丽多彩，多用于地面装饰分隔带	
粗磨板	表面经过粗磨，表面平滑无光泽，主要用于需要柔光效果的墙面、柱面、台阶、基座等。粗磨板的使用功能是防滑，常铺设在阳台、露台的楼梯台阶或坡道地面	

4. 识别方法

用钢卷尺测量花岗石板材的尺寸规格，通过测量能判定花岗石的加工工艺，各方向的尺寸应当与设计尺寸一致，误差应为±1mm，以免影响拼接安装，或造成拼接后的图案、花纹、线条变形，影响装饰效果。用于庭院地面铺装的花岗石板材厚度均为20mm，少数厂家加工的板材厚度只有15mm，这降低了花岗石板材的承载性能，容易导致破损。

第1章 阳台绿化设计

第2章 露台绿化设计

第3章 小庭院绿化设计

第4章 打造风格小庭院

第5章 设计与施工

第6章 景观塑造技巧

第7章 常见的绿植种类

5.2.2 地砖的铺设与造型

地砖一直以来都是作为砌筑墙体的材料，但在庭院中也可以用于地面铺装。地砖的外形多为直角六面体，也有其他各种异形产品。用于地面铺装的砖主要有页岩砖、混凝土砖、仿古砖等。

↑镂空混凝土砖

镂空混凝土砖适用于庭院停车位铺装，在其缝隙中可设计绿化

↑混凝土砖

铺装整齐，适用于庭院休闲区

5.2.3 页岩砖的铺装优势

页岩砖是利用黏土自然沉积后所形成的岩石制作的砖材，具有页状或薄片状纹理，用硬物击打易裂成碎片，可以再次粉碎烧制成砖。

页岩砖的规格与黏土砖相当，但是边角轮廓更完整，适用于庭院地面铺装，属于环保材料。标准页岩砖的规格为240mm×115mm×53mm，价格为0.3元/块左右。

选购页岩砖时，应注意其外形，砖体应该平整、方正，外观无明显弯曲、缺楞、掉角、裂缝等缺陷，敲击时可以发出清脆的金属声，色泽均匀一致。

↑页岩砖

页岩砖具有强度高、保温、隔热、隔声等特点

↑页岩砖在庭院中应用

页岩砖铺装的地面平整度较高，质地符合大众审美

5.2.4　大理石的识别技巧

　　大理石是指原产于云南省大理市、带有黑色花纹的白色石灰石，剖面类似一幅天然的水墨山水画。大理石主要用于加工成各种形材、板材，用于庭院地面、构造铺装。

←大理石铺装地面

相较花岗石而言，大理石质地比较软，属于碱性中硬石材。大理石质地细密，抗压性较强，吸水率小于10%，耐磨、耐弱酸碱，不易变形。大理石最大的特点就是花色品种繁多，适用性广泛

1. 纹理特点

　　由于产地不同，大理石常有同类异名或异岩同名现象出现。我国大理石储藏量丰富，各品种居世界前列，国产大理石有近400余个品种，其中花色品种比较名贵的有白色、黑色、红色、灰色、黄色、绿色、青色、黑白、彩色系列九大系列。天然大理石的色彩纹理一般分为云灰、单色、彩花三类。

↓地中海风格浅米色与深棕色组合

云灰大理石	单色大理石	彩花大理石
花纹为灰色，石面上的花纹形状或如乌云滚滚，或如浮云漫天，有些云灰大理石的花纹很像水的波纹，纹理美观	色彩单一，如色泽洁白的汉白玉、象牙白等属于白色大理石；纯黑如墨的中国黑、墨玉等属于黑色大理石	为层状结构的结晶或斑状条纹，经过抛光打磨，呈现出各种色彩的天然图案，制成的画面美观

第1章　阳台绿化设计
第2章　露台绿化设计
第3章　小庭院绿化设计
第4章　打造风格小庭院
第5章　设计与施工
第6章　景观塑造技巧
第7章　常见的绿植种类

2. 表面加工

　　大理石与花岗石一样，可用于庭院各部位的石材贴面，但是强度不及花岗石，在磨损率高、碰撞率高的部位应慎重考虑使用。大理石的花纹色泽繁多，可选择性强，饰面板材表面需经过初磨、细磨、半细磨、精磨、抛光等工序，大小可以自主加工，并能打磨边角。

　　大理石的表面也可以像花岗石一样被加工成各种质地，用于不同部位，但是在庭院中，由于其硬度比不上花岗石，大理石一般都以磨光板的形式出现，用于楼梯台阶铺设。此外，颜色、纹理不佳的大理石都被加工成蘑菇石，用于地面步行道、汀步铺装。

　　目前，大理石的花色品种比花岗石多，其价格差距很大，想要识别大理石的质量仍然可以采用花岗石的识别方法。但是要求应更加严格。大理石板材根据规格尺寸，允许存在一定的偏差，但是偏差不应影响其外观质量、表面光洁度等。

↑ 看表面

↑ 摸板面

↑ 观纹理

↑ 对比颜色

↑ 打磨板面

↑ 测吸水度

　　目前，市场出现不少染色大理石，多以红色、褐色、黑色系列居多，铺装后约 6 ~ 10 个月就会褪色，如果铺设在庭院受光地面，褪色会更明显。

　　识别这类大理石可以观察其侧面与背面，染色大理石的色彩较灰或呈现出深浅不一的变化。染色石材虽然价格低廉，但是不宜选购，其染色料存在毒害，褪色后严重影响装饰效果，自身强度也没有保证。

5.2.5　麻面砖的装饰性能

　　麻面砖由于其特别耐磨、防滑，并具有装饰美观的性能，广泛用于庭院、露台等户外空间的墙、地面铺装，适合庭院出入口、停车位、楼梯台阶、花坛等构造的表面铺装。

←**麻面砖环形铺装**

在铺装过程中，可以根据设计要求作彩色拼花设计。麻面砖铺装地面时，所需砖较厚，经过严格的选料，采用高温慢烧技术。其耐磨性好，抗折强度高

　　麻面砖的产品种类很丰富，在选购时注意识别质量。如果条件允许，将规格为100mm×100mm×10mm的地面砖用力往地面上摔击，质量好的麻面砖不会产生破碎或破角。可以用钢卷尺进行常规测量、观察，检查砖材外观的质量，还可将酱油等有色液体滴落在砖体表面，观察其吸水性。

5.2.6　混凝土砖的高性价比

　　混凝土砖是以水泥为胶凝材料，添加砂石等配料，加水搅拌，振动加压成型，具有一定孔隙的砌筑材料。自重轻、热工性能好、抗震性能好。除了实心产品外，还有各种空心混凝土砖。

　　普通混凝土砖呈蓝灰色，标准规格为240mm×115mm×53mm，价格为0.3元/块左右。还有其他常见规格为600mm×240mm，厚度有80mm、100mm、120mm、150mm、180mm等多种。

　　选购混凝土砖时，应注意观察砖块的截断面，其内部碎石的分布应当均匀，无明显孔隙，此外，彩色混凝土砖的颜色渗透深度应大于等于10mm，以避免在使用过程中被磨损褪色。

↑**实心混凝土砖**

彩色混凝土砖铺装效果独特，变化丰富

↑**镂空混凝土**

镂空混凝土砖用于庭院停车位铺装

第1章　阳台绿化设计
第2章　露台绿化设计
第3章　小庭院绿化设计
第4章　打造风格小庭院
第5章　设计与施工
第6章　景观塑造技巧
第7章　常见的绿植种类

5.2.7　仿古砖的丰富色彩

仿古砖属于普通釉面砖，仿古指的是砖表面所呈现的效果，也可以将其称为具有仿古效果的瓷砖。其具有极强的耐磨性，同时兼具了防水、防滑、耐腐蚀的特性。

仿古砖与普通的釉面砖相比，其差别主要表现在釉料的色彩上。仿古砖的设计图案、色彩是所有装饰面砖中最为丰富多彩的产品。

仿古砖多采用自然色彩，尤其是采用单一或复合的自然色彩。自然色彩多取自于土地、大海、天空等颜色，如砂土的棕色、棕褐色、褐红色；水与天空的蓝色、绿色；树叶的绿色、黄色、橘黄色等。

→仿古砖大面积铺装地面

在现代庭院中，仿古砖的应用非常广泛，可以用于面积较大的地面铺装，还可以在具有特殊设计风格的墙面、构造铺装

补充要点

庭院地面铺装方法

1. 干铺法

从字面上就可以知道，这种铺设地板砖的方法是不用水的，只是要用水泥砂浆，按照一定的比例，把其捏成团并用力甩到地面上，然后再把地板砖铺上，这种方法可以有效地节约材料和时间，因此可以用于对一些大型空间的铺设。

2. 湿铺法

这种方法是直接用水泥涂抹在地面并且应涂抹均匀，然后把地板砖轻轻放在水泥上，再用木槌稍微用力地捶打结实就可以了。这种方法适用于面积较小的墙面和较小的空间铺设，也可以铺设小型的地板砖块，能够节约地面材料。

铺设时接缝可在 2 ~ 3mm 之间调整，为了防止浪费材料，可先随机抽样若干选好的产品，放在地面进行不粘合试铺，若发现有明显色差、尺寸偏差、砖与砖之间缝隙不平直、倒角不均匀等情况，在进行砖位调整后仍没有达到满意效果，应当及时停止铺设，并与材料商联系以进行调换。

5.2.8 砂石基材是施工关键点

河砂是指在湖、海、河等天然水域中形成和堆积的岩石碎屑，如河砂、海砂、湖砂、山砂等，一般粒径小于 4.7mm 的岩石碎屑都可以称为建筑、装修用砂。

其中以石英颗粒为主，夹有少量岩屑与泥质的河、湖、海的碎屑沉积物，也可以称为天然砂。用于庭院施工的主要是河砂，河砂质量稳定，一般含有少量泥土，需要经过网筛才能使用。除了用于水泥砂浆调和，也可以单独用于庭院铺装。

↑ 河砂颗粒

河砂需要用铁网网筛后才能使用，相对于海砂，河砂更加物美价廉

↑ 海砂颗粒

海砂颜色为深灰色，其中含有贝壳，海砂的价格较高，一般在庭院中使用较少

鹅卵石作为一种纯天然的石材，表面光滑圆整，它本身具有不同的色素，呈现出浓淡、深浅变化万千的色彩，使鹅卵石呈现出黑色、白色、黄色、红色、墨绿色、青灰色等多种色彩。

如果希望提升庭院品质，可以根据各地市场供应条件，选购长江中下游地区开采的雨花石，其装饰效果更具特色。

↑ 鹅卵石

鹅卵石色泽鲜明古朴，具有抗压、耐磨、耐腐蚀的优点，十分适合运用在庭院设计中

↑ 鹅卵石地面铺装

铺装在庭院中的鹅卵石，具有良好的装饰效果，雨水的渗透性也很好

第1章 阳台绿化设计

第2章 露台绿化设计

第3章 小庭院绿化设计

第4章 打造风格小庭院

第5章 设计与施工

第6章 景观塑造技巧

第7章 常见的绿植种类

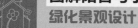
5.3 树木修剪的正确手法

在庭院绿植管理中，掌握正确的修剪方法，通过适当的修剪，能够修剪出优美的树形，让庭院景观更佳。其次，修剪树形能够让植物吸收到更多养分，合理分配营养，抑制徒长。

→修剪树木塑造外形

通过树木修剪可进一步调节营养物质的合理分配，抑制徒长，促进花芽分化，使得幼树提早开花结果，同时也能延长盛花期、盛果期，也能使老树复壮

5.3.1 树木的修剪技法

庭院树木的修剪方式主要有截、疏、除蘖三种。

1. 截

又称短截，即把枝条的一部分剪去。其主要目的是刺激侧芽萌发，抽生新梢，增加枝条数量，多发叶多开花。根据短剪的程度可分为以下五种：

↓树木修剪的方法

项目	内容
轻短截	轻剪枝条的顶梢 (剪去枝条全长的 1/5 ~ 1/4)，主要用于花果类树木枝条的修剪
中短截	剪到枝条中部或中上部饱满芽处 (剪去枝条全长的 1/3 ~ 1/2)，主要用于某些弱枝复壮以及各种树木培养骨干枝和延长枝
重短截	剪去枝条全长的 2/3 ~ 3/4，此种修剪方法刺激作用大，主要用于弱树、老树、老弱枝的更新复壮
极重短截	在树条基条基部留一两个瘾芽，其余全部剪去，园林中紫薇常采用此方法
回缩	是将多年生的枝条剪去一部分，因树木多年生长，离枝顶远，基部易光腿，为了降低顶端优势位置，促多年生枝条基部更新复壮，常采用回缩修剪方法

2. 疏

疏又称疏剪或疏删。将枝条自分生处剪去，疏剪可以调节枝条均匀分布，加大空间，改善通风透光条件，有利于树冠内部枝条生长发育，有利于花芽分化。疏剪的对象主要是病虫枝、干枯枝、过密的交叉枝等。

3. 除蘖

为了集中营养，让绿植长得更好，需要除去树木主干基部及伤口附近当年长出的嫩枝，或是根部长出的根蘖。以避免这些枝条和根蘖分散了树体的养分，阻碍树木的生长，有碍树形。

在管理庭院绿植时，需要对树木进行适当的修剪，才能让绿植散发活力，对于新手管理者来说："哪些树木能修剪？剪多少？剪哪里？"，这些都是管理中的难题。

第1章 阳台绿化设计

第2章 露台绿化设计

第3章 小庭院绿化设计

第4章 打造风格小庭院

第5章 设计与施工

第6章 景观塑造技巧

第7章 常见的绿植种类

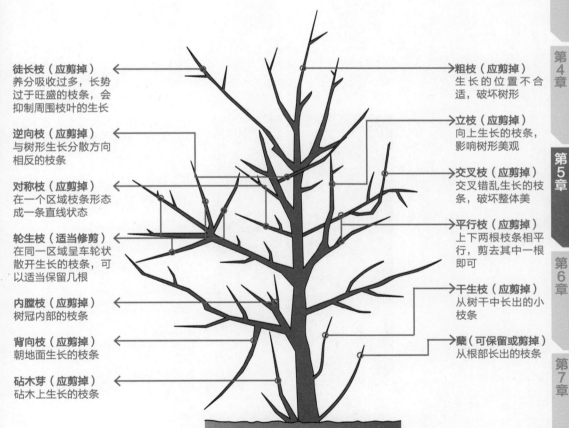

徒长枝（应剪掉）
养分吸收过多，长势过于旺盛的枝条，会抑制周围枝叶的生长

逆向枝（应剪掉）
与树形生长分散方向相反的枝条

对称枝（应剪掉）
在一个区域枝条形态成一条直线状态

轮生枝（适当修剪）
在同一区域呈车轮状散开生长的枝条，可以适当保留几根

内膛枝（应剪掉）
树冠内部的枝条

背向枝（应剪掉）
朝地面生长的枝条

砧木芽（应剪掉）
砧木上生长的枝条

粗枝（应剪掉）
生长的位置不合适，破坏树形

立枝（应剪掉）
向上生长的枝条，影响树形美观

交叉枝（应剪掉）
交叉错乱生长的枝条，破坏整体美

平行枝（应剪掉）
上下两根枝条相平行，剪去其中一根即可

干生枝（应剪掉）
从树干中长出的小枝条

蘖（可保留或剪掉）
从根部长出的枝条

↑树木中可修剪的树枝

5.3.2 修剪注意事项

1. 剪口要平滑

剪口与剪口芽成 45° 斜面，从剪口的对侧下剪，斜面上方与剪口芽尖相平，斜面最低部分和芽基相平、这样剪口创面小，容易愈合，芽萌发后生长快。

√正确　　×错误：角度过大　　×错误：角度过小　　×错误：截面过小

↑剪口芽正确与错误的剪口

疏枝的剪口，在分枝点处剪去，与干平，不留残桩，剪口芽的方向、质量，决定新梢生长方向和枝条的生长方向

↑树形修剪

2. 树种不同修剪不同

冬季落叶树停止生长，这时修剪养分损失小，伤口愈合快，故冬季是修剪落叶树的好时机。常绿树休眠期在冬季，但剪去枝叶有冻害危险，因此，常绿树修剪时期为晚春。

3. 修剪口消毒

修剪口一定要平整，用20%的硫酸铜溶液来消毒，最后涂上保护剂（保护蜡、调和漆等），能够起到一定的防腐防干和促进愈合的作用。

当庭院中有高压线或电线穿插时，在修剪时注意安全，避免触电，位于高压线上方的树枝，在修剪时注意避免树枝掉落砸到电线，引发事故。小型盆栽树定时修剪即可，剪去枯枝、枯黄的树叶，为盆栽树造型

5.3.3 制作树篱打造朦胧感

1. 将树苗沿着直线种植

左右两边设置立柱，在适当的高度，在立柱中间搭一根横木，种植时沿着横木方向，并将树苗固定在横木上，树苗的距离可根据其生长速度来确定，一般来说，树苗之间预留 300mm 为宜。设置树篱的理想高度，并做出标记，以虚实线（理想高度）来表示。

2. 进行大致的造型修剪

当树苗顶端长到了理想高度时，沿着图上的虚线（可修剪高度）进行修剪，剪去粗枝条，使树苗顶端在 300mm 以下的位置。

3. 将树枝修剪到理想高度

将树篱进行仔细的修剪与整理，剪去粗枝后的树木长出小枝叶，就能变成浓密的树篱。

————————→ 预计达到的高度

1）将树苗沿直线种植。左右两侧立上柱子，在中间搭上一根横木，沿着横木种植树苗并将树苗绑在横木上固定，树苗间距一般为 300mm 左右

————→ 预计达到的高度
————→ 修剪线

2）剪掉粗树枝。当树枝顶端长到预计达到的高度时就修剪一次，修剪高度为预计达到的高度下方 300mm 处，将粗枝剪成短小枝

————→ 预计达到的高度
————→ 修剪线

3）剪短之后的效果。经过仔细修剪后，下方的树枝与树干上就会长出很多小枝，变成浓密的树篱

← **树篱的制作方法**

第1章 阳台绿化设计

第2章 露台绿化设计

第3章 小庭院绿化设计

第4章 打造风格小庭院

第5章 设计与施工

第6章 景观塑造技巧

第7章 常见的绿植种类

5.3.4　树形管理与养护

　　在庭院设计中，树木种植的面积不大，种植后的绿植通过艺术设计、修剪造型，呈现出错落有致的庭院景观。

1. 乔木

　　乔木要求树干笔直挺拔，种植时不应过早拔掉固定的拴护杆，以免引起树干弯曲。成年大树应及时锯掉不规则的树枝，若对冠幅大，叶多枝小的挡风枝不及时锯掉，遇大风雨会折断枝干，严重时连根拔起，造成损失。

2. 灌木

　　通过对灌木进行修剪，可以均衡树势，调节水分、养分的供应，提高树木的成活率。灌木可修剪的造型多样，如球形、方形、扇形、蘑菇形、抽象图案、柱状、椎状等。

3. 绿篱

　　绿篱的养护管理要求较高，应保证肥水供应充足，才能长势良好，可修剪成篱、成墙，起到美观与隔离视线的作用。施肥以氮为主，采用磷钾结合，按照群施薄施的原则，每次修剪后需施肥，必要时还可以根外施肥。

乔木 ←

绿篱 ←

灌木 ←

↑ 整齐有序、美感十足的庭院

↓ 绿篱的设计形式

梯形绿篱	矩形绿篱	圆顶绿篱	自然式绿篱

5.4　围栏制作方法

围栏用于庭院中灌木、花卉种植的区域划分，围栏的高度从地面高出 500 ~ 600mm 即可，过高会影响植物的生长与养护。

围栏材料主要有 PVC 与实木两种，PVC 材料主要用于公共园林景观，价格低廉，视觉效果一般，私家庭院中多会采用实木制作，如樟子松、菠萝格等树种，其具有良好的防腐性，可以购买这类成品木板进行加工。

首先，计算好材料用量，使用木工锯将材料切割成设计尺寸，并对木料边角进行修饰，木料入地深度约 200mm，木料整高可为 800mm。

然后，根据尺寸采用螺钉将木料钉接起来，木料之间的结合处除了用螺钉外，还需要增加白乳胶以强化固定。

接着，开始在地面挖坑，坑底需夯实，可以用较粗的木桩打压坑底。

最后，将制作完成的围栏放入坑内，用橡皮锤敲击固定，缝隙处填土，表面再次压实，同时注意调试平整。

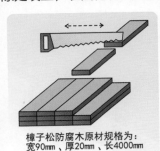

樟子松防腐木原材规格为：
宽90mm、厚20mm、长4000mm

↑ 裁切木料

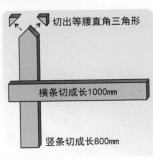

切出等腰直角三角形

横条切成长1000mm

竖条切成长800mm

↑ 修整成型

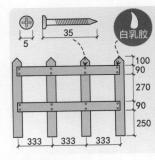

5　35　白乳胶

100
90
270
90
250

333　333　333

↑ 安装固定

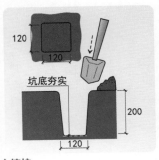

120
120

坑底夯实

200

120

↑ 挖坑

↑ 入地固定

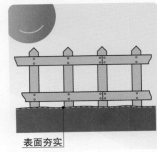

表面夯实

↑ 安装完成

第1章　阳台绿化设计

第2章　露台绿化设计

第3章　小庭院绿化设计

第4章　打造风格小庭院

第5章　设计与施工

第6章　景观塑造技巧

第7章　常见的绿植种类

127

5.5 植物移植方法

移植栽培是指在一定时期将生长的植物挖出来，然后在特定的区域进行栽培管理。

5.5.1 盆到地移植

大多数的盆栽植物从小盆移植到大盆后，就可以得到良好生长，而一些体积较大的植物，换盆还是不能满足其生长需要，就需要将绿植移植到庭院土地里，让绿植生长具有更大空间。

首先，根据绿植的特性，在庭院中选择一处适合的绿植生长的位置，根据盆栽的大小，在地上挖一个比盆栽体积略大、略深的洞。

然后，移栽时绿植需带有原来盆栽的土，这样移栽的成活率高，将绿植连土栽到提前挖好的洞中，在其四周压紧土，再添加一部分新土与营养土覆盖。

最后，移栽的绿植在第一次浇水时应浇透、吸透，根据泥土的干湿情况浇水。注意不要每天浇水，特别是对翻新、分盘的绿植，没有成活之前，只要土没有干透，尽量不要浇水。

↑ 取出绿植

↑ 喷营养液并观察

松疏层厚50mm

↑ 挖坑洞

营养土厚50mm

↑ 移植地上

↑ 填土

营养土厚50mm

↑ 浇水盖营养土

5.5.2 地到盆移植

从地到盆的移植一般适用于具有观赏性的绿植，装入盆后，在新盆造型的衬托下更具美感，能随意摆放、移动。将绿植从地到盆移植，是保护名贵绿植品种，移至室内越冬的最佳方式。不少庭院业主还通过从地到盆的移植来将绿植馈赠佳友。

首先，在庭院中小心取出绿植，绿植根部的土球要尽量保持完整，以形成球体为佳，这样能够保护新根，生长快速的植物可适当削根部与顶部，避免生长太快短时间内换盆频繁。

然后，将根部土球外部其他绿植的根剪断，同时也可以修剪生长状态不佳的枝叶，仔细观察土球外部完整状态，给整个土球喷涂营养液。

接着，新盆应当有足够容积，陶瓷新盆预先浸泡水中 1～2 天，让新盆充分吸收水分，以免盆吸收土壤中的水分。在盆底部铺上碎石与合成后的新土，将绿植平稳植入，再用一层新土覆盖，可以选择庭院土，也可以选择搭配后的营养土来种植。

最后，经过移植，需要一次浇足水，可以根据绿植品种，将整个新盆放入更大且装满水的水桶或其他容器中，浸泡 3 小时以上，让绿植充分吸收水分。

↑ 开挖取土球

↑ 喷营养液并修剪观察

↑ 合成新土

↑ 新盆置入新土

↑ 移植入盆

↑ 浇水盖土

第1章 阳台绿化设计
第2章 露台绿化设计
第3章 小庭院绿化设计
第4章 打造风格小庭院
第5章 设计与施工
第6章 景观塑造技巧
第7章 常见的绿植和养

5.5.3 盆到盆移植

盆到盆移植又称为换盆，植物根部尽可能多带些土，尽量避免裸根，带土移栽要比裸根移栽更容易成活。换盆时，如果原来的花盆为软塑料盆或者纸杯时，可以直接剪开，这样做不会伤到植物根系，如果硬拽出来，可能会伤到植物根茎。

换盆不应在短期内连续进行，一般植物，两次换盆之间，至少要间隔半年甚至更长时间；但对于处于育苗中的植物，根据苗子生长情况，苗子长大一圈，就可以给它换盆了。

新盆的容积要比旧盆大至少3倍，才能满足绿植的生长需求，陶瓷新盆预先浸泡水中1～2天，让新盆充分吸收水分，以免盆吸收土壤中的水分。换盆用的新土壤中应当保留原盆土50%，让绿植有一定的适应周期，有机肥与营养液不能过多。

换盆也应根据时间和季节以及植株生长情况的，大部分植物最适合在春、秋两季进行移栽和换盆，最好别在夏季高温时期换盆，不然植株容易死掉。植物休眠期、生长初期进行换盆影响是最小的，在植物生长旺盛期、花蕾期、开花盛期、结果期等阶段换盆则会影响植物生长。

↑ 润湿新盆

↑ 喷营养液并观察

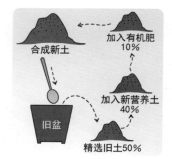

↑ 合成新土

↑ 新盆置入新土

↑ 移植入盆

↑ 浇水盖土

5.6 植物配植技巧

5.6.1 庭院门的绿化配置技巧

　　每个庭园都有大小不同的出入口，也就是园门。园门对庭园空间的组合分隔、渗透、造景等都有重要作用。由于园门是进出之处，位置显露，因此，门的绿化最引人注目。由于业主生活习惯、性格不同，所以门的绿化布置形式也有所不同。一般而言，性格开朗的业主习惯用显形布置，可以让外面行人观赏到庭园内部景观。性格内向的业主习惯用隐形布置，不希望外面行人一目了然于内景。

←庭院门绿化设计

园门的绿化在保证出入方便的基础上，应注意内外景色的不同，采用收或放的手法，以增加风景层次深度，扩大空间；还应注意对景、框景的营造

1. 直接以分枝低绿植为主体

　　内部用木材或钢材作骨架，再将常绿树的干、枝绑在骨架上，加以造型修剪，即可形成生动活泼的绿色门景，它具有一年四季常青的效果，并富有生命力。

↑ 栅栏式门景

↑ 柱式门景

左：在镂空的栅栏下种植攀附式植物，随着植物生长，将整个栅栏爬满，形成景观墙
右：以门柱作为支架，藤蔓顺着门柱蔓延，垂下来的枝叶具有活力，随风飘动美不胜收

第1章　阳台绿化设计

第2章　露台绿化设计

第3章　小庭院绿化设计

第4章　打造风格小庭院

第5章　设计与施工

第6章　景观塑造技巧

第7章　常见的绿植种类

2. 绿化与园门建筑相结合

　　将有生命的花木绿植与建筑材料结合起来创造景观，如将绿色植物栽到装土的空心门柱上，或者让其下垂，或者在门柱上创造观花、观叶门景。

　　值得注意的是，门柱较高，手动浇水十分不便，可以使用自动吸管水，水分可以达到植物的根部，对于一些耐旱的植物，浇水太多反而会影响植物的正常生长。当然也可以用盆栽的形式直接放在门柱之上，或门的两侧；也可以在门柱基部设立花台把花木栽在花台之中。

→建筑与绿化设计

在门柱、墙头上栽种绿植花卉，能够起到不错的装饰效果。也可以设置花台来种植，这样人工浇水十分便利

3. 垂直绿化

　　用钢铁、竹、木、水泥等作出门架，在其两旁种植攀缘植物。在面向南方的门前，可以均衡配置草木花卉及花灌木；面向北方的门前比较阴冷，通风差，绿化时应种植乔木，以利通风和夏季遮阴；边门、侧门、后门、东西向的园门可在门前场地上栽植落叶乔木或建立垂直绿化屏障。

→垂直绿化设计

除平面绿化外的绿化都称为立体绿化，立体绿化的占地面积小，仅仅一个立面就能创造出与众不同的景观，可以选择海棠、葡萄、蔷薇、牵牛花等植物，装点庭院景色

5.6.2　园墙的绿化配置技巧

为了创造安静、整洁、美化的生活空间，或者由于安全的需要而在外围设立各种式样的园墙，借以创造层次丰富、小中见大的庭园景观，既可独立成景又可与其他要素结合创造各种景观。园墙的形式很多，如砖墙、石墙、树墙、花墙、挡土墙等，其中以树墙、花墙为佳。

↑ 树墙

树墙管理方便、经久耐用，可呈现生动活泼的造型，具有独特的山林景观效果

↑ 花墙

花墙的造型多样，色彩丰富，能起到净化空气，改善环境的作用

← 挡土墙

为了防止雨水的冲刷，在高低相差比较大的土坡处，可以用水泥、砖、石等材料适当设置挡土墙。在其上方土坡可种爬山虎、迎春、素馨等以覆盖表土及岩石，种植时使梢头向墙面伸展，以利藤本植物的生长及平时管理

第1章　阳台绿化设计

第2章　露台绿化设计

第3章　小庭院绿化设计

第4章　打造风格小庭院

第5章　设计与施工

第6章　景观塑造技巧

第7章　常见的绿植种类

5.6.3　主庭院的绿化配置技巧

　　新手布置庭院时，植物品种不宜太多，以一两种植物为主景植物，再选一两种作为搭配。植物的选择应与整体庭院风格相配，植物的层次清晰、形式简洁。

→主庭院的绿化设计

常绿植物比较适合北方地区，在处理这种组合时，绿色深浅程度的细微差别可作为安排植物位置的一个标准。以灌木、草坪作为庭院的主景，搭起庭院的绿化框架。以盆栽、花卉作为辅景，增添庭院绿化的种类，让庭院的层次感更丰富

　　大戟属植物可以作为蕨类植物的陪衬，衬托出蕨类植物的绰约身姿，同时也将颜色介于两者之间，或深或浅的八仙花属植物的叶片突显出来。

↑八仙花属植物

八仙花的花形大而美，花色成红色、蓝色，是庭院中常见的植物，可片植在阴向坡面

↑大戟属植物

大戟属植物鲜艳的色彩令庭院美不胜收，有的植物还可入药，具有药用价值

5.6.4　通道的绿化配置技巧

　　为了行走的方便，庭园中都有不同宽度级别的道路，它联系着前后门及院内各房舍。园路应是庭园中景观的一部分，通过平面布置和高低起伏、材质、色彩、绿化的配置来体现庭园的艺术水平，所以园路不仅有交通功能，还有散步赏景的作用。从房门到大门的主干道称为通道，庭园内的散步小路称为园路，另外还有上下坡的台阶、坡路或平台等。

第1章　阳台绿化设计

第2章　露台绿化设计

第3章　小庭院绿化设计

第4章　打造风格小庭院

第5章　设计与施工

第6章　景观塑造技巧

第7章　常见的绿植种类

↑绿化通道

绿化通道不仅需求保证行走方便，还应使行人产生舒畅的感觉

↑绿化步道

草坪上的飞石路面，其飞石块大小可选用 400mm×500mm×150mm 的规格，一般以 600mm 的间距排列，每块飞石之间留有 100～200mm 的缝隙，有小草自然生长

←园路绿化

庭园中的小路具有很强的实用性，绿化后还具有观赏性。在道路两侧种植开花的绿植，选用红色、黄色的花，给人以温暖、热情的感觉

5.6.5　草坪的绿化配置技巧

　　草坪选用多年生宿根性、单一的草种均匀密植，成片生长的绿地。规则式草坪坡度可设计为 5%，自然式草坪坡度可设计为 5% ~ 15%，一般设计坡度为 5% ~ 10%，以保证排水。为了避免水土流失，最大坡度不能超过土壤的自然安息角（30%左右）。草坪覆盖地面，可以防止水土冲刷，维护缓坡绿色景观，冬季可以防止地温下降或地表泥泞。

→草坪与水景

草坪上的叶片面积之和应当为庭院地面面积的 10 倍以上，所以草坪可以防止灰尘再起，减少细菌危害。其次，草坪能够保护人眼视力，吸收太阳中有害的紫外线，能够保护视力健康

　　三叶草、紫苜蓿对二氧化硫敏感，金钱草对氟化氢反应敏感，万寿菊对氯气反应敏感，因此，可以利用它们监测环境污染。

↑三叶草

三叶草能吸收空气中的氮素，转化为植物可利用的形态

↑草坪与绿植设计

↑紫苜蓿

保水力很强，持水量大，根系固氮，能提高土壤有机质的含量

第6章
景观塑造技巧

识读难度：★ ★ ★ ★ ★
重点概念：草坪、水体、山石、花坛、微景观、
果树造景

章节导读：

    在庭院设计中适当运用造景技巧，能够让庭院更具美感。小庭院虽然空间不大，但五脏俱全，也能够打造出亮丽的景观。地面材质、绿植种类、盆栽容器、水体、建筑等，都能起到装饰庭院的作用。因此，从细节处开始，通过增加植物层次来丰富庭院景观；通过设置餐桌椅、苗圃、喷泉、休闲凳等来体现庭院的重要性；通过绿篱来分隔空间。景观塑造技巧能够让庭院更富有青春朝气，打造舒适的家居生活。

6.1 利用草坪美化庭院

6.1.1 草坪与地形

当草坪与地形配合使用时，草坪与地形融为一体。平坦的地面铺设草坪，可为庭院营造一种十分自然平静的氛围；地形复杂的地面铺设草坪，能够让人感受到地形高低起伏带来的变化，尤其当地形变化较大时，这种感觉越发明显。

↑ **小面积草坪铺设**

在小庭院中，用草坪来烘托地形变化的美感。通过地形微改造，使地形发生微小变化，以期衬托出草坪的整齐和柔和的视觉感

↑ **大面积草坪铺设**

起伏大的地形，与平坦、开阔的草坪相配合，更能体现出地形的复杂多变，这时主要是通过它们之间的对比，来突出地形的变化

6.1.2 草坪与水体

在景观设计中，草坪与水体的结合设计较为普遍。清澈、明镜般的水体是园林景观设计中重要的构成景观要素，园无草木，水无生机。

→ **草坪与水体设计**

平静的水体，可以映照出天空和周围的景物，与草坪相互衔接对比，形成特别的景观

6.1.3　草坪与建筑

　　建筑是庭院设计中利用率高、景观明显、位置和体型固定的主要元素。草坪低矮，具有一定的空旷性，可反衬建筑的设计及特点，利用草坪的可塑性，软化建筑的生硬线条，丰富景观设计的艺术构图。想要创造对身体健康有益的生产生活环境与景观环境，建筑应与周围环境相协调。草坪由于成坪快，效果明显，常被用作调节建筑与环境的重要素材。

←草坪缓解建筑的生硬感

草坪与其他植物的搭配，能够在视觉上弱化建筑的冰冷生硬感，调和建筑与周围环境之间的违和感

6.1.4　草坪与小品

　　庭院中的局部景观可以称为小品设计，可起到局部主景的作用，它的配景通常为草坪，也就是将小品放置在草坪中。通常情况下，小品在造型及色彩上都极富变化，利用草坪的色彩及表面的特点，能够更好地衬托出小品的色彩及造型的美感。

←利用草坪烘托小品

将景观树置于草坪上，通过草坪的衬托，景观树的造型显得别致、优美

第1章　阳台绿化设计

第2章　露台绿化设计

第3章　小庭院绿化设计

第4章　打造风格小庭院

第5章　设计与施工

第6章　景观塑造技巧

第7章　常见的绿植种类

6.1.5 草坪与植物

草坪与植物搭配是庭院设计中的常用手法，通过植物配置，让庭院层次更丰富，更具有美观性。常见的植物造景方式有孤植、对植、丛植和群植四种。将草坪这一设计元素融入其中，能够有效提升庭院的档次，让庭院设计更具质感。

↑孤植
孤植常被用作主景，能营造一种宁静祥和的氛围

↑对植
对植要求对植的植物应在姿态与大小方面有一定的差异，或一仰一俯，或一斜一直，或一高一低，以显得生动活泼

↑丛植
丛植要求姿态各异，相互趋附，多种植物成丛种植，则讲究多种搭配

↑群植
群植可选用同种花木，也可选取多种花木，以适应不同的造景要求

草坪与其他植物的配置除了可以通过不同种植方式体现外，还可以将草坪上的植物修剪成各种规则形态或动物造型，用不同的造型表示植物景观的人工美，这不仅具有一定的时代气息，更是景观多样化的表现。

6.1.6 草坪与道路

草坪与道路的结合设计，可以将草坪铺在道路旁边，也可以在地砖的间隙里，还可以一半地砖一半草坪铺设，都具有不错的实用性与美观性。通常情况下，与草坪搭配设计的道路较窄，宽度在 1500mm 以内，主要提供行走、观赏的功能。其次，不同的道路图案、造型、材料也能带来不同的视觉感受。

第1章 阳台绿化设计

第2章 露台绿化设计

第3章 小庭院绿化设计

第4章 打造风格小庭院

第5章 设计与施工

第6章 景观塑造技巧

第7章 常见的绿植种类

↑ 草坪裁切种植

为了使草坪与道路等边界或草坪块间的接缝不明显，可用铲或刀整齐地切断草皮

↑ 草坪块状种植

直接将草坪覆盖在预留的孔洞上，台阶上形成了一半是石材一半是草地的景观，踩上去的脚感也十分舒适

↑ 方形地砖铺设

为了确保植物生长，道路要高于草坪地面 20 ~ 30mm，一般 24 小时后要全面浇水浇透

↑ 菱形地砖铺设

草坪生长速度快，需要经常打理，可以将草坪定型，避免杂草疯长

6.1.7 草坪铺装构造案例

1. 植草皮铺装

植草皮一般为购置的成品材料，多为马尼拉植草块，适用于庭院地面移植铺装。

马尼拉植草块
种植土厚100mm
打压夯实
土质地面基础

↑方形植草皮铺装　　　　　　　↑方形植草皮铺装构造示意图

2. 植草砖铺装

植草砖形式规格多样，为混凝土制品，适用于庭院地面停车位铺装。

↑ 8字形植草砖铺装　　　　　↑井形植草砖铺装

→植草砖铺装构造示意图

将植草砖中的孔洞填入泥砂为佳，即种植土：粗砂 = 1：1，不必种草或播撒草种，让其自然生长即可，长期无车辆停放时，需要进行剪草处理。底部碎石层厚度根据停放车辆重量来设定，家用小型汽车，碎石层厚度为 150mm 即可，如有要求可以增加至 200mm

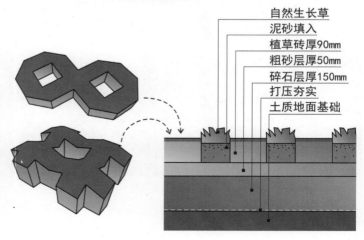

自然生长草
泥砂填入
植草砖厚90mm
粗砂层厚50mm
碎石层厚150mm
打压夯实
土质地面基础

6.2 巧用花坛烘托气氛

6.2.1 不同类型的花坛

1. 平面花坛
平面花坛的表面与地面平行，包括沉床花坛或稍高出地面的平面花坛。

2. 高设花坛
由于功能或景观的需要，常将花坛的种植床抬高，也称花台。

↑ 平面花坛设计

↑ 高设花坛设计

3. 斜面花坛
花坛的表面为斜面，与前两种花坛形式相同，均以表现平面的图案和纹样为主。设置在斜坡、阶梯上，有时也在展览会上以观斜面花坛的方式出现。

↑ 斜面花坛设计

第1章 阳台绿化设计

第2章 露台绿化设计

第3章 小庭院绿化设计

第4章 打造风格小庭院

第5章 设计与施工

第6章 景观塑造技巧

第7章 常见的绿植种类

4. 立体花坛

前三种花坛属于平面图案与纹样，立体花坛的表现为三维立体造型。

→立体花坛设计

在面积较大的庭院中，设置立体花坛，造型别致，具有全方位、多变化、长时间的视觉观赏特性。但需要注意花卉与绿植之间的配色，色彩过多会显得凌乱

补充要点

如何为立体花坛选择植物

立体花坛一般以小型草本植物为主，依据不同的设计方案也选择一些小型的灌木与观赏草。用于立面设计的植物要求叶形细巧、叶色鲜艳、耐修剪、适应性强。灌木冬青（绿色）、石楠（红色）、金叶女贞（黄色）这三种花卉相搭配，外加彩色波斯菊，能形成良好的立体配色效果。

用于立面的其他植物还有紫黑色的半柱花类，银灰色的银香菊、朝雾草、芙蓉菊等；黄色系的有金叶过路黄、金叶景天、黄草等；以及叶嵌有各色斑点的嫣红蔓类。

观赏草类可用于特殊的设计方案，如鸟的尾巴可用芒草、细茎针茅等进行表现，屋顶可用细叶苔草、蓝苔草等。

↑银香菊

↑芙蓉菊

↑芒草

6.2.2 花槽制作构造案例

下面列出两种庭院中常见的花槽的实景图与构造设计图，分析其中的构造，供庭院设计与施工时参考。

1. 箱形花槽

→箱形花槽实景图

箱形花槽适用于面积较大的庭院，可以摆放在庭院中央，形成岛形花卉、绿植造景，采用碳化防腐木樟子松木材制作，内部需要制作支撑件，用于衬托较重的盆栽。一般不将种植土置入其中，而是在其中摆放盆栽花卉、绿植。整体结构主要采用自攻螺钉固定，在木材之间的面结合处涂刷白乳胶强化贴黏效果

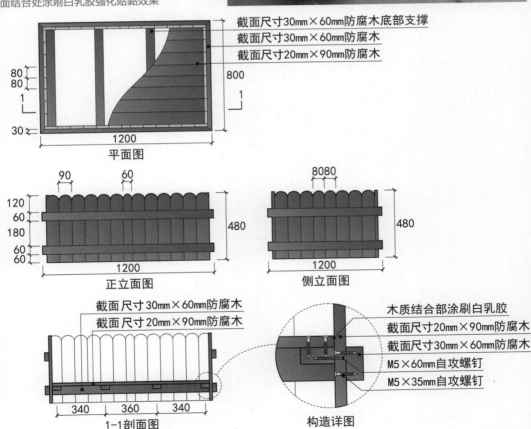

↑箱形花槽设计图

第1章 阳台绿化设计

第2章 露台绿化设计

第3章 小庭院绿化设计

第4章 打造风格小庭院

第5章 设计与施工

第6章 景观塑造技巧

第7章 常见的绿植种类

2. 柜架形花槽

→柜架形花槽适用于面积较小的庭院，可以摆放在庭院边侧靠墙处，上部可用于挂置盆栽绿植，用松木制作，表面涂刷防腐蜡油，内部需要制作支撑件，一般在其中摆放盆栽花卉、绿植

↓整体结构主要采用自攻螺钉与气排钉固定，在木材之间的面结合处涂刷白乳胶强化粘黏效果

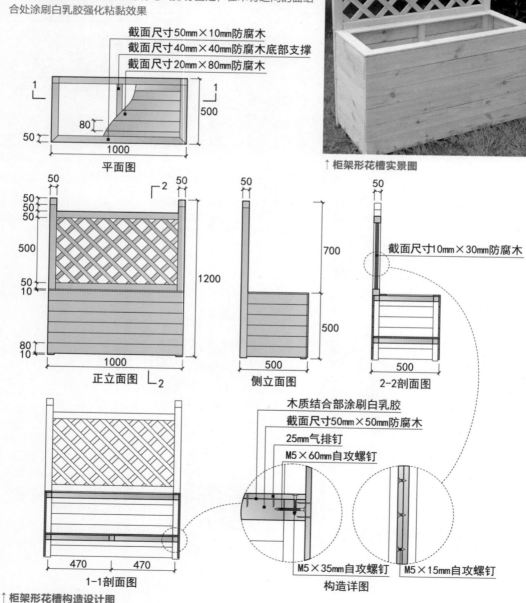

截面尺寸50mm×10mm防腐木
截面尺寸40mm×40mm防腐木底部支撑
截面尺寸20mm×80mm防腐木

平面图

↑柜架形花槽实景图

截面尺寸10mm×30mm防腐木

正立面图

侧立面图

2-2剖面图

木质结合部涂刷白乳胶
截面尺寸50mm×50mm防腐木
25mm气排钉
M5×60mm自攻螺钉

M5×35mm自攻螺钉   M5×15mm自攻螺钉

1-1剖面图

构造详图

↑柜架形花槽构造设计图

6.3 妙用水景打造宜人风光

　　依山傍水是最佳的庭院布局形式，从居住体验上，这种高品质的环境让人向往。在庭院中设置水景，运用水具有的轻盈、灵动、形式多样等特征，能够让庭院更具美感。

↑ **庭院水景设计**
不同的水流方式带来不同的视觉体验，或平静或喷发，这都是来自水景的魅力

6.3.1　微水景观

1. 微景涌泉

　　涌泉是水从下向上冒出，但不会喷高，称为涌泉。通过景观石，或者瓶罐类的容器，就能够形成一处微景观喷水景。让寂静的庭院中有一种流动美，不张扬但别有一番意境。

↑ **圆形石料微景涌泉**
以石坛作为容器，水从坛口溢出，具有平缓流动之美

↑ **矩形砌筑水池微景涌泉**
微微涌起的水花，让庭院具有一丝活力，不张扬、不做作，形成动静结合的景观

第1章　阳台绿化设计

第2章　露台绿化设计

第3章　小庭院绿化设计

第4章　打造风格小庭院

第5章　设计与施工

第6章　景观塑造技巧

第7章　常见的绿植种类

2. 微景跌水

跌水是指规则形态的落水景观，常常与院墙、房屋、挡土墙等结合设计，跌水最美的地方在于水坠落的线条。根据地面落差大小，跌水可做成单级或多级。

→独立微景跌水

具有形式美与工艺美，水从高处跌落下来，线条感强烈，冲击水面留下涟漪

↑群组微景跌水

由三级组成的跌水景观，从高到低形成连续的水流，打造微缩的瀑布景观。整齐有序的跌水形态，适合简洁明快的庭院设计风格

3. 微景叠水

水由上至下分层连续流出，或呈台阶状，称为叠水。高低错落的台阶，清脆悦耳的潺潺流水，给人以回归自然的享受。常见的形式为三叠泉、五叠泉，利用山坡地，造成阶式的微景叠水。

↑微景集中叠水

水由上至下，层层叠叠流入各级石板上，最终流入水潭中

↑微景独立叠水

分层流下的水景，在庭院中形成动态美感，水态活泼多姿。叠水具有流动美，让庭院景观富有活力

↑微景分散叠水

从表现技法来看，叠水善用地形，打造层层叠叠的水景观，是美化地形的一种最理想的水态

第1章 阳台绿化设计

第2章 露台绿化设计

第3章 小庭院绿化设计

第4章 打造风格小庭院

第5章 设计与施工

第6章 景观塑造技巧

第7章 常见的绿植种类

4. 微景管流

由外露式出水管或阵列方式出水，水流呈线状。给人一种细水长流的轻松愉悦感，滴滴答答的水声像歌声一样曼妙，十分适合小面积的庭院水景设计。

↑微景竹管管流

用竹子做的水景管道，水流以抛物线的形式流到下方的容器中，经过层层流动，一直流到最底端的鹅卵石上，有一种细水长流的韵味

↑微景雕塑管流

以鱼为水景造型，通过从鱼嘴中涌出的水，形成庭院水景，鱼的造型十分可爱，喷涌而出的水体十分灵动

↑微景复合管流

层层细水流动。水由最上方的管道流出，溢满后流到下方的石槽中，形成水景小品，成为庭院中一道靓丽的风景

6.3.2 庭院溪流景观

    庭院中的溪流汲取了中式园林景观中溪涧景色的精华，将园林景观融入庭院景观中，给人一种回归自然的生活感受。溪流曲折蜿蜒，潺潺的流水声从远到近，叮咚作响，这种忽暗忽明的景象，别有一番风味。

第1章　阳台绿化设计

第2章　露台绿化设计

第3章　小庭院绿化设计

第4章　打造风格小庭院

第5章　设计与施工

第6章　景观塑造技巧

第7章　常见的绿植种类

↑ **中式现代庭院水景**

围绕着凉亭建造的溪流，溪面平静淡然，随着水流荡起水圈，也是不错的庭院景致

↑ **中式传统庭院水景**

一条小溪连接着庭院的各个角落，形成流水潺潺的景象，院子里都能听到、看到水景，有一种小桥流水人家的景致

↑ **新中式风格庭院水景**

将跌水与溪流结合设计，跌水顺势流入小溪中，让平静的溪面掀起波澜，一静一动的景象，让庭院富有活力

6.3.3　水幕水帘景观

　　水帘是由较大的落差和较宽水流面形成的叠水，控制水流量与出水口的形状将得到不同的水帘形态。

　　水幕墙可以倾泻如瀑布，又可以缠绵如小溪，既有声音上的韵律，又有形式上的流畅。水幕墙又叫"落水屏风"，可根据环境的变化而变化形状。水流墙面的样式决定了水流出的形态，或溅起水花，或丝丝细流，再或者没有任何依托之物，亦可以做成水帘。

↑ 圆形水幕　　　　　　　　　　　↑ 矩形水幕

水幕能够形成较大幅面的水流形态，根据水流形式，其形态各异，成为庭院中十分亮眼的设计。缓缓流下的水帘，形态美观

→水帘

水帘与水幕不同，水帘呈水柱形态，一根根地流下来，犹如水帘洞一般的景象，水花溅落，水声叮咚，形成一番别致的庭院景观

6.3.4 水景喷泉制作构造案例

水景喷泉一般安放在庭院边角，形成一处景观，与庭院风格相匹配，这里介绍一款可在庭院中自行设计制作的地中海风格水景喷泉。

→水景喷泉实景图

全石材构造简单，适用性很广。内部采用钢结构焊接，外部可直接采用石材专用干挂胶粘贴石材。在结构内部安装水泵，通过给水管连接上部水盆与下部蓄水池，深度根据需要设定

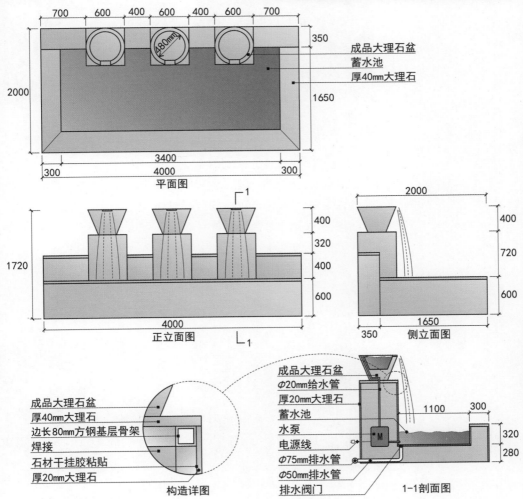

↑水景喷泉构造设计图

第1章 阳台绿化设计

第2章 露台绿化设计

第3章 小庭院绿化设计

第4章 打造风格小庭院

第5章 设计与施工

第6章 景观塑造技巧

第7章 常见的绿植种类

6.4 种植果树双重收获

6.4.1 火红灿烂的石榴

石榴花期在 6 ~ 7 月，果实在 9 ~ 10 月成熟，石榴花量大，从 5 月开始能长期开花。石榴钟状花不能坐果结实，只有筒状花中的一部分能坐果结实，但钟状花占很大比例，石榴的筒状花一般分早、中、晚三个阶段开花。

↑ 石榴　　　　　　　　　　　　　　↑ 石榴果实

石榴果实营养丰富，维生素 C 含量高，具有杀虫、收敛、涩肠、止痢等功效

6.4.2 橙黄透亮的橘子

金橘又名金柑，属芸香科，是著名的观果植物。果多为椭圆形，金黄色，有光泽，部分品种可食用，多以嫁接法养殖。喜阳光，适合温暖、湿润的环境，不耐寒，稍耐阴、耐旱，要求种植在排水良好、肥沃疏松的微酸性沙质土壤中。

金橘果实金黄，具清香，挂果时间较长，是极好的观果植物。宜作盆栽或盆景观赏，同时其味道酸甜可口，食用性好，南方暖地栽植可作果树经营。

↑ 盆栽金橘　　　　　　　　　　　　↑ 金橘果实

金橘具有财源广进的寓意，近年来十分流行。待果实成熟后可以食用

6.4.3　形态逼真的佛手

　　佛手又名九爪木、五指橘、佛手柑。佛手喜温暖、湿润、阳光充足的环境，不耐严寒，惧冰霜与干旱，耐阴、耐瘠、耐涝。以雨量充足且冬季无冰冻的地区栽培为宜。

　　佛手的果实色泽金黄，香气浓郁，形状奇特似手，千姿百态，让人感到妙趣横生。佛手不仅有较高的观赏价值，还具有珍贵的药用价值与经济价值。

↑佛手

↑佛手果实

果实以手为原型变化，造型千奇百怪，可观赏也可食用，色彩鲜艳，但仅适合南方地区种植

6.4.4　芬芳馥郁的蓝莓

　　蓝莓果实中含有丰富的营养成分，尤其富含花青素，它不仅具有良好的营养保健作用，还具有防止脑神经老化、强心、抗癌、软化血管、增强人体免疫等功能。

　　因其具有较高的保健价值所以风靡世界，是联合国粮食及农业组织推荐的五大健康水果之一。在庭院中种植蓝莓树，需要保持阳光充足，蓝莓果实才能更香甜。

↑盆栽蓝莓

↑蓝莓果实

蓝莓树需要及时修剪弱枝、残枝，才能让枝叶健康生长。夏季耐高温，冬季需注意保暖

第1章　阳台绿化设计

第2章　露台绿化设计

第3章　小庭院绿化设计

第4章　打造风格小庭院

第5章　设计与施工

第6章　景观塑造技巧

第7章　常见的绿植种类

6.4.5　种植架制作构造案例

　　种植架在庭院中是不可缺少的构造，适用性广泛，即使不种植传统爬藤植物，将其单独作为一项庭院景观也是不错的选择。种植架多设计成为穿廊结构，即中间可以通行、休息并摆放各种盆栽植物。

→种植架实景图

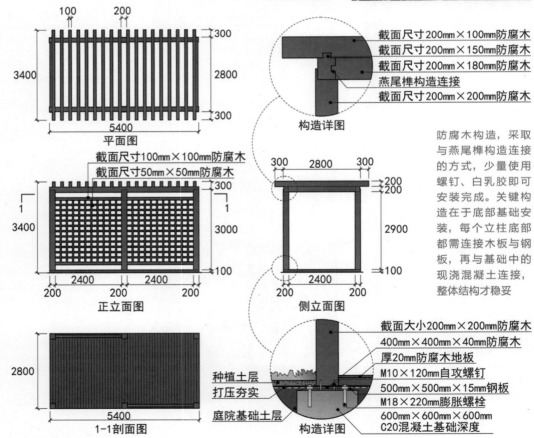

100　　200

300
3400　　　　2800
300
5400
平面图

截面尺寸100mm×100mm防腐木
截面尺寸50mm×50mm防腐木
300
3400　　　　3000
100
2400　　2400
200　　200　　200
正立面图

截面尺寸200mm×100mm防腐木
截面尺寸200mm×150mm防腐木
截面尺寸200mm×180mm防腐木
燕尾榫构造连接
截面尺寸200mm×200mm防腐木
构造详图

防腐木构造，采取与燕尾榫构造连接的方式，少量使用螺钉、白乳胶即可安装完成。关键构造在于底部基础安装，每个立柱底部都需连接木板与钢板，再与基础中的现浇混凝土连接，整体结构才稳妥

300　　2800　　300
200
200
2900
100
2400
200　　200
侧立面图

2800
5400
1-1剖面图

种植土层
打压夯实
庭院基础土层

截面大小200mm×200mm防腐木
400mm×400mm×40mm防腐木
厚20mm防腐木地板
M10×120mm自攻螺钉
500mm×500mm×15mm钢板
M18×220mm膨胀螺栓
600mm×600mm×600mm
C20混凝土基础深度
构造详图

↑种植架构造设计图

6.5 运用山石打造迷人景观

第1章 阳台绿化设计

第2章 露台绿化设计

第3章 小庭院绿化设计

第4章 打造风格小庭院

第5章 设计与施工

第6章 景观塑造技巧

第7章 常见的绿植种类

　　庭院设计种类多样，山水、虫鸟、花草、石材等别具一格。山石成为园中不可或缺的别样景观，能够带来美的感知。从庭院景观的层次上，植物和山石的搭配，在一定程度上丰富了景观的层次和画面感。

6.5.1 山石与水体相得益彰

　　山水相依方能体现出活力与灵气。因此，在现代生态公园的建设中，对于叠造山石的设计，山水相伴，可以是一条小溪流、一潭静水，或者是一处与水有关的小品。

　　根据不同区域的地形地貌，山石景观塑造也有所不同。如在平坦的小庭院中没有瀑布，会难以体现出自然美感，需要耗费大量的电能资源；在地形差异大的庭院中，设置大面积的水体，显然不符合庭院的设计美感与安全性。

　　因此，根据庭院的实际情况，将山石与水体结合设计。如在地形起伏大的庭院中，可采用假山石与小水景相搭配的设计，可以是水帘水幕，也可以是微型水景，都能打造出具有个性的庭院风格。

←↑ 山石与水体景观

山石的坚硬感加上水景观的平静感，带来强烈的视觉冲击力，让庭院看起来充满了大自然的气息

6.5.2　山石与花草植物掩映相成

种植物的绿色展现出朝气蓬勃的生机感，山石在植物的映衬下，让整个庭院生机盎然。绿植可以是围绕着山石设计，也可以种植在容器内，还可以是零散分布在庭院中，但一眼看去，山石与绿植一同出现在视线中。

有山有水有花草树木，能够展现出山清水秀的视觉美感。另外，即使山石的位置、大小迥异，因为有植物的存在，也能弥补这些缺点，提升庭院的质感。

↑**山石＋花草**

冠幅大的绿植与山石组合，能够展现出山石的豪放，让庭院看起来简洁明亮

↑**山石＋花草＋水景**

冠幅小的绿植与小置石景观结合设计，能够作为陪衬在视觉上突出山石

→**山石与绿植景观**

将水生植物与假山石、水体结合设计，山石上溅落的水滋养了绿植，植被生长更旺盛

6.5.3 山石与建筑紧密结合

　　景观建筑如亭、廊、桥、花架、轩、榭等皆空灵通透，与山石融合在叠山理水间，或主或辅，或明或阴，形成错落有致的景观。在庭院设计中，假山石能够点缀建筑，较大型建筑能够附绕叠石边相衬，达到古朴自然的效果，促使人工造型更具自然和谐的秩序美感。

第1章　阳台绿化设计

第2章　露台绿化设计

第3章　小庭院绿化设计

第4章　打造风格小庭院

第5章　设计与施工

第6章　景观塑造技巧

第7章　常见的绿植种类

↑ **中式庭院中的山石**

假山石在中式庭院中十分常见，能够点缀空间，增添情趣，起到造景与点景的作用

↑ **中式庭院走廊**

假山还能够将游人的视线或视点引到高处或低处，创造仰视和俯视空间的景象

← **窗外的山石景观**

透过窗户去看庭院景观，是景观中常见的借景手法，能够从不同角度发现庭院美景

6.5.4　山石小景引人遐想

山石景观在庭院中十分常见，尤其是在中式庭院设计中，更能够展现出艺术之美。山石景观利用自然石、假石来造景，将自然景观融入私家庭院设计中，这是中式庭院设计的一大特色。

将山石与绿植、水景结合在一个景观中，能够形成"你中有我，我中有你"的设计，山石景观具有坚固耐用的特点，一经形成便不做改动，省去了管理养护的成本。山石的造型生动曲折，比其他人工景观更富有活力，通过山石装饰达到与自然环境协调统一的效果。

↑ 白天景观

置石是以石材或仿石材布置成自然露岩景观的造景手法，以点缀庭院设计，仅仅是这一区域的山石设计，就能让整个庭院意境深远。在白天，各种形态的山石与绿植呈现出生机勃勃的景象

夜晚的山石景观在灯光的照射下，朦胧而又不失美感，庄严而又深沉，营造出悠然自得的庭院气息，有一种置身山野的氛围

↑ 夜晚景观

置于台阶上的山石，形态各异而又整齐有序的排列，韵味十足

水景顺着台阶缓缓而下，呈现一片娴静自然的风光

↑ 山石景观＋水景

顺势而下的水景与山石蜿蜒曲折，一步一景

汀步设计让景观富有层次感，移步换景的设计十分巧妙

↑ 山石景观＋汀步

石像雕塑一般位于庭院的草坪或林荫道上，是装饰庭院的重要元素，能够提升庭院的品位

↑ 山石雕塑

第1章　阳台绿化设计

第2章　露台绿化设计

第3章　小庭院绿化设计

第4章　打造风格小庭院

第5章　设计与施工

第6章　景观塑造技巧

第7章　常见的绿植种类

6.5.5　假山石制作构造案例

假山石造型丰富，适用于面积较大的庭院，虽然现在很多阳台与露台都在建造小微型假山石，但是应控制体量，形体过大会加重楼板负担，对建筑结构造成损伤。

→假山石实景图

可以根据庭院面积等具体情况设计假山石造型，户外基层地面可以设计水景，水池深度500mm 左右即可，在石头缝隙处预埋给水管，连接自来水管。面积较小的池底可以不设排水孔，需要换水时可用外置水泵将池水抽出排放

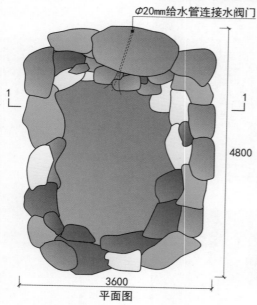

Φ20mm给水管连接水阀门

1

1

4800

3600

平面图

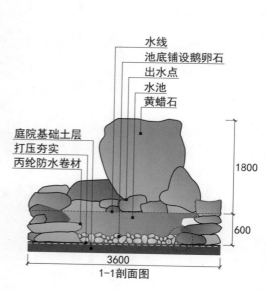

水线
池底铺设鹅卵石
出水点
水池
黄蜡石

庭院基础土层
打压夯实
丙纶防水卷材

1800

600

3600

1-1剖面图

↑→假山石构造设计图

如没有特殊风格要求，可以选用黄蜡石造景，价格低廉，石料摆放平稳，石料底部之间用水泥砂浆黏结固定。水池底部地面需要预先打压夯实，石料砌筑完成后铺装防水卷材，防止池水渗漏流失，池底铺设鹅卵石能有效保护防水层

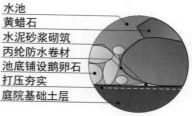

水池
黄蜡石
水泥砂浆砌筑
丙纶防水卷材
池底铺设鹅卵石
打压夯实
庭院基础土层

构造详图

第7章
常见的绿植种类

章节导读：

　　要想拥有视觉效果好的庭院景观，
需要根据季节变换来种植绿化树木，这
样一年四季均有景色可欣赏。春天感受
来自树木萌芽、破土而出的新生命；夏
季感受绿树成荫带来的清凉感；秋天感
受来自收获的色彩气息；冬天则将感受
绿植的顽强与拼搏精神。

7.1 多肉植物

多肉植物是指植物的根、茎、叶三种营养器官中叶是肥厚多汁并且具备储藏大量水分功能的植物，也称"多浆植物"。

多肉植物能储藏可利用的水，在土壤含水状况恶化，植物根系不能再从土壤中吸收和提供必要的水分时，它能使植物暂时脱离外界水分供应而独立生存。据粗略统计，全世界共有多肉植物10000 余种，在分类上隶属 100 余科，此外，多肉植物还能净化空气。

↑ **多肉植物**

多肉植物的种类较多，形态各异，在庭院中使用多肉植物，能够展现出优美的艺术情调。多肉植物在外形上看起来肥厚多汁，十分可爱，作为新手种植者也能管理好这些植物。多肉植物能够自己储藏水分，所以浇水一次之后可以很长时间不用浇水，浇水频繁反而会不利于生长

↓ 常见的多肉植物

虹之玉	姬玉露	姬胧月	千佛手
熊童子	桃美人	星美人	冬美人
玉蝶	生石花	碧光环	鹿角海棠
月兔耳	吉娃娃	特玉莲	金钱木
金手指	仙人球	珍珠吊兰	芦荟

第1章 阳台绿化设计

第2章 露台绿化设计

第3章 小庭院绿化设计

第4章 打造风格小庭院

第5章 设计与施工

第6章 景观塑造技巧

第7章 常见的绿植种类

↓常见的多肉植物

球松	莲花掌	秋丽	铭月
观音莲	草玉露	清盛锦	唐印
千代田之松	若绿	红日	柠檬手指
黑法师	佛甲草	条纹蛇尾兰	朱莲
紫珍珠	小人祭	赤鬼城	玉米石

第1章 阳台绿化设计

第2章 露台绿化设计

第3章 小庭院绿化设计

第4章 打造风格小庭院

第5章 设计与施工

第6章 景观塑造技巧

第7章 常见的绿植种类

多肉植物的繁殖方法

1. 叶插

将植物的新鲜成熟叶片左右摇晃，轻轻摘取下来，在一扁平盆内盛入多肉基质，表面需铺面。将新鲜摘取的叶片轻轻放于基质上，叶面朝上平放或斜靠盆壁。

2. 嫁接

嫁接应在初夏生长旺季时进行，选温度及湿度大的晴天嫁接。空气干燥时，宜在清晨操作。选择健壮、木质化适宜的砧木，根据品种来选择嫁接高度。

3. 扦插

剪取植物的茎、叶、根、芽等进行繁殖，等到生根后就可栽种，成为独立的新植株。刚采下时应当放在干燥、通风、温暖的地方，以让切割时的伤口快速愈合。

↑叶插

大约2～4周后叶片基部便会萌生出小芽，待小芽长出根部或无叶小芽长出叶片时就算叶插成功

↑嫁接

嫁接成活后，由砧木处生出的侧芽、侧枝均应尽早除去，以免影响接穗的生长

↑扦插

扦插初期强烈的日光会使插穗蒸发失水影响成活，需在插床上方搭荫棚适度遮阴

4. 播种

在春天进行，在播种前对种子、种植槽、基质进行杀菌处理，选择专门的育苗盆，播种后在盆上覆盖一层塑料膜，保证盆内通风、透气。

5. 分株

将多肉植物根部已经完全分离的侧芽卸下，或用刀片将其为分离的侧芽割除。待母株和侧芽的伤口均在阴凉通风处晾干后，将母株再植，

←播种

播种后生长的多肉十分密集，到了一定时间需要将多肉分株分盆，才能更好生长

←分株

将健壮且已经有根的幼苗直接栽种，将无根的侧芽插入微微润湿的土壤中诱发其根系生长

7.2　乔木植物

　　乔木植物的高度通常在 5m 以上，其具有高大的树干，可分为大乔木（20m以上）、中乔木（11～20m）、小乔木（5～10m）。在庭院中，乔木可用来分割与围合空间，在视觉上形成视线屏障，起到装饰与美化庭院环境的作用。

→水景庭院设计

面积较大的水景庭院，需要高大且具有装饰性的乔木点缀，甚至作为庭院的主景，热带和亚热带地区可以选用棕榈树作为庭院的主景观乔木，在没有其他灌木衬托的环境中，棕榈树自身就具有三个层次，从下向上依次为光洁树干、分离叶鞘、箭状叶片，在色彩和肌理质感上均能呈现出丰富的视觉效果

　　乔木具有体量大的特征，占据庭院绿化中最大的空间。因此，在进行庭院绿植配置时，要考虑乔木与其他植物的配置是否能够形成整体风格。配置形式一般分为孤植、对植与列植、丛植、群植等。

→乔木在庭院中的作用

乔木既能作为小庭院空间的主景，展示绿植的个体美，作为庭院的视觉焦点；又能发挥孤植树遮阴的功能，利用植物的冠下空间，组织小庭院的活动空间

第1章　阳台绿化设计

第2章　露台绿化设计

第3章　小庭院绿化设计

第4章　打造风格小庭院

第5章　设计与施工

第6章　景观塑造技巧

第7章　常见的绿植种类

↓ 常绿乔木

香樟	天竺桂	小叶榕	橡皮树
喜光，稍耐阴，喜温暖，耐寒能力弱，适湿润气候，根系发达	喜温暖、湿润与阳光充足的环境，耐寒性差，忌水湿与高温，喜冬暖夏凉	喜温暖，耐高温，有一定的耐阴能力，喜湿润的土壤环境	喜温暖、湿润的生长环境，对光线适应性较强，较耐水湿，喜干旱
小叶女贞	**广玉兰**	**白兰花**	**雪松**
喜光照，稍耐阴，耐寒性强，耐修剪，萌发力强	生长喜光，幼时稍耐阴，喜温湿气候，有一定抗寒能力，生于微酸性或中性土壤	喜光照，怕高温，不耐寒，适合于微酸性土壤，喜湿润，不耐干旱和水涝，基础坚	要求温和凉润气候和上层深厚而排水良好的土壤，喜阳光充足，也稍耐阴，基础坚
楠木	**黑壳楠**	**桂花**	**银桦**
喜湿耐阴，适合气候温暖、湿润，土壤肥沃的地方	喜温暖、湿润气候，耐阴性较强，喜深厚、肥沃、排水良好的酸性土壤	喜温暖，抗逆性强，耐高温，较耐寒，较喜阳光，在全光照下枝叶生长茂盛	耐一定干旱和水湿，根系发达，生长快，耐烟尘，少病虫害

↓落叶乔木

垂柳	刺槐	银杏	水杉
具有较高的观赏价值，成本低，绿化效果显著，可作庭院景观树	根系浅且发达，树冠高大，叶色鲜绿，适合庭院小面积种植，可作为庭院景观树	树形优美，具有极高的观赏价值，且果实具有食用价值与药用价值	树姿优美，是秋叶观赏树种，可直接种植，也可盆栽，还能抵抗二氧化硫
重阳木	**国槐**	**合欢**	**榆树**
耐水耐寒能力强，冠如伞盖，花叶同放，花色淡绿，分外壮丽	枝叶茂密绿荫如盖，可作染料，果肉能入药，种子可作饲料	喜光，耐干燥瘠薄，开花后为红色绒毛状，对气候适应性强	树形高大，绿荫较浓，可用作庭院绿篱、盆景
白蜡	**红枫**	**黄葛**	**喜树**
根系发达，植株萌发力强，能够抗烟尘、二氧化硫和氯气	较耐阴、耐寒，忌烈日暴晒，秋天会具有不错的庭院景观	叶色美观，树形别致，能够为庭院提供庇荫场地	对土壤要求低，但不耐干旱、瘠薄，且药用价值高

↓落叶小乔木

白玉兰	紫玉兰	桃花	樱花
枝叶阔而广，树冠呈伞形，开花时为白色花，忌暴晒、积水，冬季应注意防冻	花朵艳丽怡人，芳香淡雅，树形婀娜，枝繁花茂，可孤植或散植于小庭院内	性喜阳光、耐寒、耐旱，花型美观，香气袭人，具有观赏、食用、入药等功效	花色多为白色、粉红色，象征热烈、纯洁、高尚；大片栽植可形成"花海"景观
五角枫	紫薇	垂丝海棠	西府海棠
树姿优美，叶色多变，枯枝落叶分解较快，不易燃烧	树姿优美，花色艳丽，能观花、观干、观根	树形多样，叶茂花繁，丰盈娇艳，可地栽装点庭院，可入药	树姿直立，花朵密集；可食用，果味酸甜，可鲜食及加工用
石榴	木芙蓉	紫荆	彩叶木
可作为观叶、观花、观果植物，具有观赏价值与药用价值	一年四季均有景色可观，各有风姿与妙趣，可食用可观赏	可与草坪、山石、建筑相匹配，观赏效果好，部分草叶可食用	喜高温，在阳光下斑彩越发亮丽，长期在阴暗处会淡化斑彩

第1章 阳台绿化设计

第2章 露台绿化设计

第3章 小庭院绿化设计

第4章 打造风格小庭院

第5章 设计与施工

第6章 景观塑造技巧

第7章 常见的绿植种类

7.3 灌木植物

灌木在小庭院中起着重要的美化装饰环境的作用，它的平均高度大致与人的平视高度一致，极易成为视觉的焦点。灌木种类繁多，具有较强的观赏价值，在园林中有多种应用形式。庭院利用常绿或落叶灌木栽植形成绿篱，是一种常用的造景形式。绿篱既可以用在自然式的环境中，也可用于规则式的环境中。绿篱作为空间的分界线，是装点道路、花坛、草坪的边线设计，同时绿篱的造型多样，能够形成别具一格的空间。

↑ 灌木在庭院中的作用

灌木经过修剪形成绿雕塑，具有雕塑感的装饰效果，如将植物修剪成圆形、方形等几何图案式的造型

↑ 绿篱设计

绿篱分为绿墙（1.6m 以上）、高篱（1.2～1.6m）、中篱（0.5～1.2m）、矮篱（0.5m 以下）这四种形式。还可以分为花篱、叶篱、果篱、彩叶篱、刺篱等形式

↑ 灌木 + 乔木 + 草坪

高大的棕榈树作为庭院的主景，独植的灌木有一种简洁明快的设计感，局部铺设草坪，利用草坪装点氛围

↑ 灌木 + 乔木 + 草坪

后院的大乔木从建筑物上方露出树梢，是庭院的点睛之笔。小乔木种植在不大的庭院中，成为庭院的视觉中心。草坪植物，作为建筑、树木、花卉等的背景衬托，形成清新和谐的景色。灌木丛以散布的耐旱植物为主，用来分隔空间，属于庭院中的小隔断

↓观花灌木

月季	紫丁香	木槿	日本樱花
喜温暖、日照充足、空气流通的环境，对气候、土壤要求不严格，以微酸性土壤为宜	喜光，稍耐阴，在阴处或半阴处生长衰弱，开花稀少，喜温暖、湿润的环境	对环境的适应力很强，较耐干燥与贫瘠，对土壤要求不严格，喜光照和温暖、潮湿的气候	喜阳光和温暖、湿润的环境条件，有一定的抗寒能力
三角梅	红掌	蜡梅	棣棠
喜温暖、湿润气候，不耐寒，喜充足光照，植株适应力强	喜温暖、潮湿、半阴的环境，惧干旱与强光暴晒，忌阳光直射	生性喜爱阳光，耐寒、耐旱，对土壤要求并不严格，但以排水性良好的土壤为宜	喜温暖、湿润和半阴环境，耐寒性比较差，以肥沃、疏松的沙壤土为宜
木绣球	白玫瑰	珍珠梅	栀子花
喜光，略耐阴，喜温暖、湿润气候，较耐寒，宜在肥沃、湿润、土壤中生长	喜阳光，较耐寒、耐旱，喜通风、凉爽气候，适宜生长温度为 15～25℃	喜光，亦耐阴、耐寒，冬季可耐 -25℃ 的低温，喜湿润环境	喜光，也能耐阴，在庇荫条件下叶色浓绿，但开花较差，喜温暖气候

第1章 阳台绿化设计
第2章 露台绿化设计
第3章 小庭院绿化设计
第4章 打造风格小庭院
第5章 设计与施工
第6章 景观塑造技巧
第7章 常见的绿植种类

↓观叶灌木

金叶女贞	鸭脚木	大叶黄杨	金叶小檗
喜光，稍耐阴，适应性强，抗干旱，病虫害少，萌芽力强，生长迅速，耐修剪	喜温暖、湿润、半阴环境，宜生于土质深厚肥沃的土壤	喜光，亦较耐阴，喜欢温暖、湿润的气候，较耐寒，要求肥沃、疏松的土壤	过度遮阴的环境下生长不良，对水分要求不严，土壤过于干燥或水涝均不利于其生长

海桐	红叶石楠	黄栌	金枝国槐
喜光，在半阴处也生长良好，夏季最好放阴凉处，也可放室外，不惧强光	喜温暖、潮湿，在光照下色彩更为鲜艳，抗阴、抗干旱能力极强，不抗水湿	喜光，也耐半阴，耐寒，耐干旱、瘠薄和碱性土壤	喜光，抗旱，耐寒，抗腐烂病，适应性强，栽培成活率高

↓观果灌木

小紫珠	火棘	枸杞	铁冬青
喜光，稍耐阴，较耐寒，喜湿润环境，也耐干旱，惧积水，喜肥沃深厚土壤	喜强光，耐贫瘠，抗干旱，耐寒，对土壤要求不严，以排水良好、湿润、疏松中性或微酸性土壤为佳	极喜光，耐寒性强，对温度要求不太严格，耐盐碱，耐肥，耐旱，惧水渍	耐阴，喜生于温暖湿润气候和疏松肥沃、排水良好的酸性土壤，适应性较强，耐瘠，耐寒，耐霜冻

7.4 花卉植物

　　庭院绿化中自然少不了花卉的点缀设计，绿叶当需红花配，鲜花在庭院中能够起到画龙点睛的作用，如果庭院完全呈现一片绿油油的画面，会让人难以找到视觉的停留点。

↑ **多种花卉搭配**

庭院中各色的花卉争相绽放，一片欣欣向荣的景象，让人瞬间喜欢上这个庭院空间

↑ **重点布置**

绣球花色彩鲜艳，群植能够收获一大片的景色，可形成花篱、花境，悦目怡神

↑ **周边布置**

郁金香的花形挺拔，看起来端庄美丽，花色种类多，同时还具有药用价值

↑ **花卉对植**

在庭院门两侧对植花卉，花卉顺着绿墙向上攀爬，形成花墙，形态十分美观，成为庭院中一道亮丽的风景线。绿墙下方选择低矮的花卉种植，上下之间形成对照，视觉感更强

↑ **花卉独植**

在面积很小的庭院中，不适合大面积群植花卉。这时应选择种植一株花卉，或一盆花卉，也能起到不错的点缀作用，绿植与白色花卉打造出清新脱俗的庭院气质

第1章　阳台绿化设计

第2章　露台绿化设计

第3章　小庭院绿化设计

第4章　打造风格小庭院

第5章　设计与施工

第6章　景观塑造技巧

第7章　常见的绿植种类

↓春季种植花卉

三色堇	石竹	月季	迎春
耐寒，喜凉爽，开花受光照影响较大，可以成片、成线、成圆镶边栽植，还适宜布置花境、草坪边缘	花色鲜艳，花期长，绚丽多彩，耐寒而不耐酷暑，喜向阳、干燥、通风和排水良好的肥沃土壤	常绿四季开花，多红色，偶有白色，花朵色彩艳丽，品种丰富，香气浓郁，非常适合庭院种植、观赏	枝条细长，呈拱形下垂生长，喜光、稍耐阴、略耐寒、惧涝，枝条披垂，花色金黄

↓秋季种植花卉

风铃草	菊花	桂花	牡丹
要求光照充足、通风良好的环境，不耐干热，耐寒性不强。喜深厚肥沃、排水良好的中性土壤，株形粗壮，花朵钟状似风铃，花色明丽素雅	生长旺盛，萌发力强，通过分株种植可以形成一片菊花景观，可观赏，可入药，可制作成美味佳肴食用	集绿化、美化、香化于一体，喜温暖，耐高温与寒冷，适宜栽植在通风透光的地方，保持通风洁净	多年生落叶小灌木，生长缓慢，株型小，比较耐寒，喜光，较耐阴，盆栽牡丹花应选择生长性强的早开或中开品种，施足底肥，土层深厚疏松

薰衣草	绣球花	观赏葱	蜀葵
根系发达，适宜丛植、条植、盆栽，具有解痉、抗菌、降脂、神经保护等作用	绣球花花形饱满，色彩艳丽，适合种植在林荫道或者庭院中的阴向一面	花球由一根主茎叶拖着，形态可爱，喜生长在冷凉、阳光充沛的环境，忌温热多雨	嫩叶及花可食，适宜种植在建筑物旁、假山旁或点缀花坛、草坪，成列、成丛种植
大丽花	鸡冠花	海棠	风信子
喜半阴环境，忌强光照射，不耐干旱、不耐涝，花期较长，可周年开花不断	喜温暖、干燥环境，对土壤的要求不严，一般可直接播种，用于花境、花坛	能抵抗二氧化硫的侵害，喜欢强光，光照不足会造成叶色暗淡，花形不美观等	喜阳、耐寒，适合疏松、肥沃土壤中，可地栽、水培、盆栽，具有滤尘的作用
长春花	红花酢浆草	姬小菊	非洲菊
性喜高温、高湿，耐半阴，不耐严寒，一般土壤均可种植	喜光，全光下和树荫下均能生长，抗寒能力强，且对土壤的要求不高	喜光、耐寒、耐热，适合种植在庭院的阳面，花开后需及时剪去残花	喜温暖、通风、阳光充足的环境，花色丰富，装饰性极强

第1章 阳台绿化设计

第2章 露台绿化设计

第3章 小庭院绿化设计

第4章 打造风格小庭院

第5章 设计与施工

第6章 景观塑造技巧

第7章 常见的绿植种类

7.5 藤本植物

藤本植物是一些不能直立生长，需要依附其他物品向上攀缘的植物，其植物特征为茎干细长，支撑力不足。当庭院面积较小时，藤本植物可以向上生长，沿着墙壁、院墙、亭台扶摇直上，不占用空间，是小面积庭院的不二之选。

藤本植物顺着木质篱笆向上生长，在院墙上开出花朵，大面积的绿化，成为庭院里的视觉焦点

↑ 木质花架与围墙上的藤本植物

左：铁艺支架上的藤本植物，顺着铁艺的框架形成精美的造型
右：木质亭子上的藤本植物覆盖了整个顶面，垂下来的藤蔓花朵，十分美观

↑ 铁架上的藤本植物　　↑ 木亭上垂落下来的藤本植物

↓ 木质藤本

木香花	络石藤	野蔷薇
呈伞形，花小，大面积种植宛如满天繁星，适用于布置花柱、花架、花廊和墙垣，是用作绿篱的良好材料	喜温暖、湿润、半阴的环境，对土壤要求不高，耐一定干旱，对排水效果要求高	喜阳光，耐寒、耐半阴，忌低洼积水，以肥沃、疏松的微酸性土壤种植为宜，花形千姿百态，花色五彩缤纷
葡萄	爬山虎	紫藤
观叶、观果的景观良好，缠绕在棚架上，可以遮阴，可食用，营养价值高	生命力顽强，绿化覆盖面积大，适度的光照能够使生长更旺盛	适应力较强，能耐寒、耐水、耐阴，寿命较长，可形成自然景观

↓ 草质藤本

牵牛花	鸡矢藤	茑萝花
夏季为开花旺季，容易种植成活，依托其他物体生长，或匍匐在地上	喜温暖、湿润环境，可观花，美化庭院，具备观赏价值与药用价值	花形较小，呈星星状，攀缘性极强，花叶俱美，可用金属丝扎成各种花篱

第1章 阳台绿化设计

第2章 露台绿化设计

第3章 小庭院绿化设计

第4章 打造风格小庭院

第5章 设计与施工

第6章 景观塑造技巧

第7章 常见的绿植种类

↓缠绕藤本

大叶青藤	金银花	何首乌
生命力极强，能够借助庭院物体扶摇直上，形成奇特景观，如条状、片状等，观赏性能较好	一蒂二花，是清热解毒的良药，粗放管理，可以做成绿化矮墙、花廊、花架等形式	叶面基部呈心形或近心形，观赏性极好，应经常除草、施肥，可通过搭架的形式让其生长旺盛

↓卷须藤本

葫芦	铁线莲	大叶钩藤
喜温暖、避风环境，果实可食用，可作为盛放东西的物件，具有良好的绿化效果	攀缘力与适应性强，有抗污染功效，种植方式有廊架、绿亭、墙面、篱垣等	叶子呈对生形态，喜土层深厚、疏松、肥沃、富含腐殖质土壤，叶形极佳

↓吸附与攀缘藤本

常春藤	扶芳藤	藤本月季	凌霄
能自然附着垂直或覆盖生长，全株均可入药，有祛风湿、活血消肿作用	生命力旺盛，终年常绿，攀缘能力弱，适宜地面覆盖种植与悬挂式盆景种植	攀缘能力强，花色丰富、花香浓郁，粗放管理，绿化效果明显，观赏性佳	适宜温暖湿润、阳光充足环境，要求肥沃、深厚沙质土壤，能借物攀缘

7.6 草坪与地被植物

草坪与地被植物是指株丛密集、低矮，只需简单管理即可，覆盖在地表可防止水土流失，能吸附尘土、净化空气、减弱噪声、消除污染，并具有一定观赏和经济价值的植物。在庭院绿化中，草坪与地被植物通常联系在一起，能够形成较好的绿化景观。利用草坪的几何形状，可以设计各种规则或不规则的庭院景观。不规则的草坪可以调节庭院绿植的疏密感，有一种豁然开朗的视觉感。

↑ 利用草坪分隔空间

通过植物配置来界定空间是常用手法，如空旷草坪、疏林草坪、密林草坪比例为 2：4：4，可以让庭院绿植维持相对平衡

↑ 利用草坪为庭院造型

通过大理石地砖、小碎石、草坪以形成具有层次感的庭院，每一种地面材质代表一个层面，通过曲线来弥补接缝处的生硬感

暖季型草与冷季型草生长是有差异的。暖季型草适合在气候温暖的季节生长，在冬季休眠，适宜生长的温度在 26～35℃之间，夏季长势喜人，到了晚秋或冬季，以及温度低于 10℃时，开始进入休眠期，如狗牙根、结缕草、钝叶草、假俭草、野牛草、地毯草、巴哈草等。冷季型草的耐寒性能很强，有的在冬季还能呈现出常绿景观，适宜生长的温度在 15～25℃之间，当气温高于 30℃时生长变缓慢，在夏季不耐炎热。此类植物有草地早熟禾、细叶羊茅、多年生黑麦草、高羊茅等。

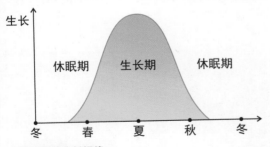

↑ 暖季型草生长规律

暖季型草具有极强的耐旱性和耐踏性，适合运用在庭院道路、坡地、绿化中，有良好的水土保持能力

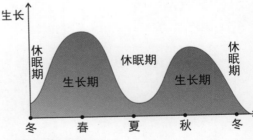

↑ 冷季型草生长规律

冷季型草要严格按照 1/3 的修剪规则进行修剪管理，尤其是在夏季，一次修剪不能过多，会将草坪中光合作用最强的叶片剪掉

第1章 阳台绿化设计
第2章 露台绿化设计
第3章 小庭院绿化设计
第4章 打造风格小庭院
第5章 设计与施工
第6章 景观塑造技巧
第7章 常见的绿植种类

↓草坪植物

黑麦草	四季青	狗牙根草
喜温凉、湿润气候，耐寒耐热性差，不适合寒冷地区种植	是四季常青的草坪草，耐干、耐寒性好，常用于高尔夫场地	其根茎蔓延力很强，能够固堤保土，全草可入药

早熟禾	地毯草	假俭草
生长速度快，质地非常柔软，抗修剪，耐践踏，草姿优美	能平铺地面形成毯状，根有固土作用，可为庭院保土	匍匐茎强壮，蔓延力强而迅速，喜光、耐阴、耐干旱

结缕草	钝叶草	剪股颖
喜温暖湿润气候，耐阴、抗旱、抗盐碱、耐践踏能力强	具备观赏与药用价值，全草均可入药，药效显著	适当修剪可形成细致、密度高、结构良好的毯状草坪

第1章 阳台绿化设计

第2章 露台绿化设计

第3章 小庭院绿化设计

第4章 打造风格小庭院

第5章 设计与施工

第6章 景观塑造技巧

第7章 常见的绿植种类

↓草坪植物

苜蓿	百里香	蓝羊茅
十分耐干旱、耐冷热，产量高且品质优良，集观赏性与实用性于一身	植株较矮，沿着地表面生长，根系网强大，喜温暖、光照充足、干燥的环境，生长快速，花量大、花期长、香味持久	表面呈蓝绿色，叶片呈针状向外散开，适合生长在全日照或半隐蔽的位置，忌低洼积水，注意保持排水通畅

麦冬	孔雀草	金边过路黄
适宜阴湿处、树下或水边，对水的需求量大，且要求光照充足，需要及时补充肥力，能美化环境，净化空气	生长、开花都需充裕阳光，盛夏注意避免暴晒，需适当遮阴，冬季严寒时需要进行低温防护，以免植株受冻	叶片为卵圆形，色泽金黄，在地表面匍匐生长，适应能力较强，喜光又耐半阴，容易成活

补充要点

庭院中草坪的作用

　　首先，草坪可营造良好的居住环境，为人提供愉快、干净的工作和生活环境，在庭院中看书、工作、闲聊都很惬意。

　　其次，草坪能够净化庭院空气。草坪和绿萝、芦荟、万年青等植株一样，能净化空气，过滤灰尘，减少了尘埃也就减少了空气中的细菌含量。长势良好的草坪，1m² 草坪每1 小时可吸收二氧化碳的含量为 1.5g，每人每小时呼出的二氧化碳约为 38g。

　　此外，草坪能够减弱噪声。一块 20m 宽的草坪，能减弱噪声 2 分贝左右。同时，草坪还能增加空气湿度，它能把从土壤中吸收来的水分变为水蒸气蒸发到大气中。

参考文献

[1] 浜野典正. 花园设计的100个灵感 [M]. 徐晓彤，译. 北京：中国轻工业出版社，2019.

[2] 株式会社主妇之友社. 莳花弄草——家庭庭院的植物选择与搭配 [M]. 冯莹莹，译. 北京：中国水利水电出版社，2017.

[3] 株式会社主妇之友社. 修篱筑道——家庭庭院的设计与布置 [M]. 梁晨，译. 北京：中国水利水电出版社，2017.

[4] 安藤洋子. 最详尽的庭院种植与景观设计 [M]. 吴宣劭，译. 福州：福建科学技术出版社，2015.

[5] 伊芙琳·施因克尔. 庭院微景观设计与制作 [M]. 段然，译. 北京：中国轻工业出版社，2019.

[6] 台湾《花草游戏》编辑部. 风格庭院景观设计 [M]. 福州：福建科学技术出版社，2010.

[7] 台湾《花草游戏》编辑部. 阳台种花与景观设计 [M]. 福州：福建科学技术出版社，2010.

[8] FG武藏. 阳台花园 [M]. 陈秋伶，译. 武汉：湖北科学技术出版社，2017.

[9] 胡秋娟. 私家小院 [M]. 天津：天津大学出版社，2019.

[10] 本书编委会. 私家庭院设计与植物软装 [M]. 北京：中国林业出版社，2014.

[11] 董君. 庭院细部元素设计①——路面、坡道、台阶、围墙 [M]. 北京：中国林业出版社，2016.

[12] 董君. 庭院细部元素设计②——花池、围栏、大门、假山、绿化带 [M]. 北京：中国林业出版社，2016.

[13] 董君. 庭院细部元素设计③——观赏池、喷泉、瀑布、溪流、地形、建筑小品 [M]. 北京：中国林业出版社，2016.

[14] 董君. 庭院细部元素设计④——汀步、小桥、车档、座椅、标志牌、雕塑小品 [M]. 北京：中国林业出版社，2016.

[15] 陈淑君，黄敏强. 庭院景观与绿化设计 [M]. 北京：机械工业出版社，2015.

[16] 王立中. 图解庭院Ⅱ[M]. 武汉：华中科技大学出版社，2017.

[17] 花园集俱乐部. 花园集·庭院景观设计Ⅱ[M]. 南京：江苏凤凰科学技术出版社，2019.

[18] 中国室内装饰协会室内环境监测工作委员会，宋广生. 家庭阳台和室内绿化100招 [M]. 北京：机械工业出版社，2009.